神秘

大自然奇观

[英] 本·霍尔 著
[英] 安吉拉·里扎 [英] 丹尼尔·朗 绘
陈宇飞 译

中信出版集团 | 北京

作者序

地球是目前已知的唯一一颗有生命存在的星球。对于数百万种在此安家的生物，以及构成这个世界的岩石及其他自然奇观来说，本书是一曲献给它们的赞歌。从闪闪发光的宝石和显微镜下的微生物，到参天的树木和庞大的鲨鱼……万事万物都以各自不同的方式让我们惊叹。本书的内容由四个部分组成：岩石、微生物、植物、动物。它们共同揭示了地球生活不可思议的多样性。我们的星球充满了自然奇观，其中许多尚未明了，还有许多尚待发现。

本 · 霍尔

目录

元素

元素是构成万物最简单的物质单位。它们可以组成固体、液体或气体之中的任何一种形态，也可以在这三种形态之间转换。

化石

动植物遗体可以在岩层中变成化石。除了生物遗体，足迹、地洞，甚至连粪便也能变成化石！

岩石

我们生活的地球，其实是一个由许多不同物质构成的大（星）球。物质是由最简单的成分元素，比如铁元素和氧元素组成的。元素混合在一起组成的一类固体叫矿物。一种或几种矿物会组成岩石。有的时候，我们会以地下挖出的岩石为原料来制造东西，如把它们切割、打磨成亮闪闪的宝石。本章将从基本的元素开始，带你逐步了解矿物（按照从软到硬的顺序）、岩石如化石等。

岩石

岩石的主要成分是矿物。我们把岩石按照形成方式归为三类：炽热的岩浆（主要来自火山）冷却之后形成的岩石，叫火成岩；物质经沉积和石化固结形成的岩石，叫沉积岩，化石就属于沉积岩；前二者受热和被挤压后转化而成的新型岩石，叫变质岩。

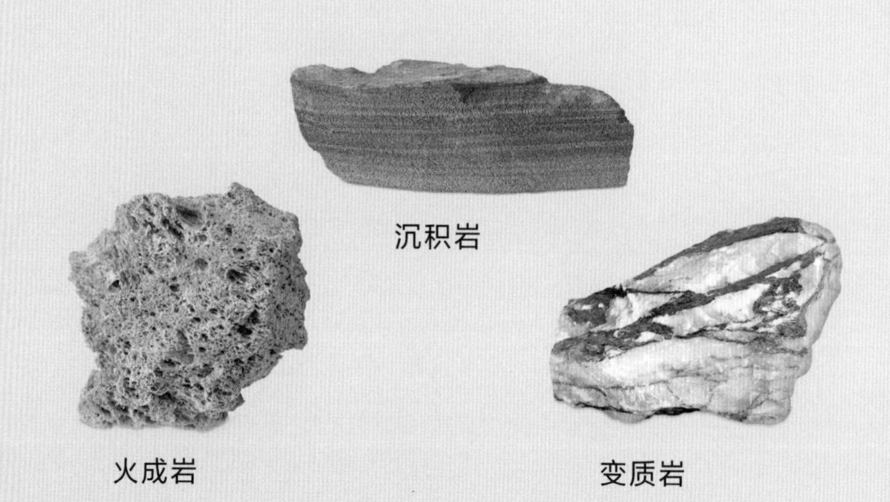

沉积岩

火成岩

变质岩

矿物

地球上大约有 5000 种不同的矿物，其中不少都是由晶莹剔透的晶体构成的。我们用莫氏硬度表来衡量材料有多硬：最软即最容易在表面留下划痕的为硬度 1 级，最硬即最难在表面留下划痕的为硬度 10 级。

10. 金刚石

9. 刚玉

8. 黄玉

7. 石英

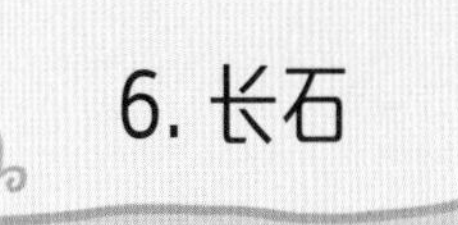

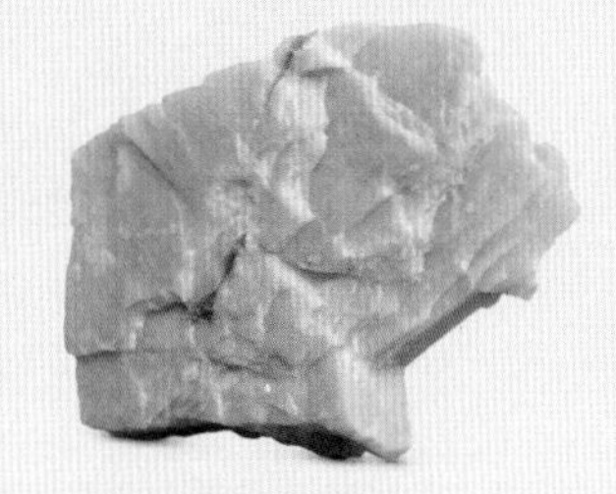

5. 磷灰石

4. 萤石

3. 方解石

2. 石膏

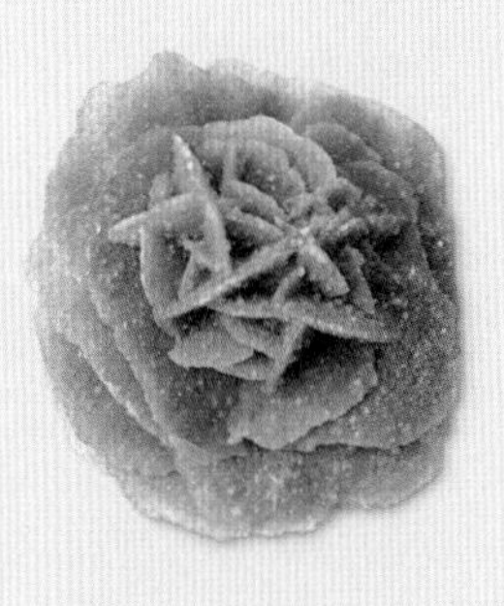

1. 滑石

石膏的变体透石膏可以形成长 9 米多，
宽 2 米多，高 3 米多的巨型晶体。

沙漠玫瑰石

如果你能用魔法把玫瑰变成石头，成果大概就是这个样子吧。不过，图中的东西却跟魔法一点儿关系也没有。在炎热的地方，盐湖干涸之后有可能留下一团团名叫石膏的矿物。混有沙粒的石膏被阳光烤硬之后，就会形成一簇簇弧形的“花瓣”，也就是沙漠玫瑰石。几朵沙漠玫瑰石往往聚集在一起，组成美丽的花束。

石膏是一种十分常见，也十分有用的矿物。它们可以和水等混合，被浇筑成石膏板用于吊顶饰面等。医生则可以用熟石膏制作矫形装置，帮助骨折的病人康复。

沙漠玫瑰石，硬度 1.5~2 级

黄金

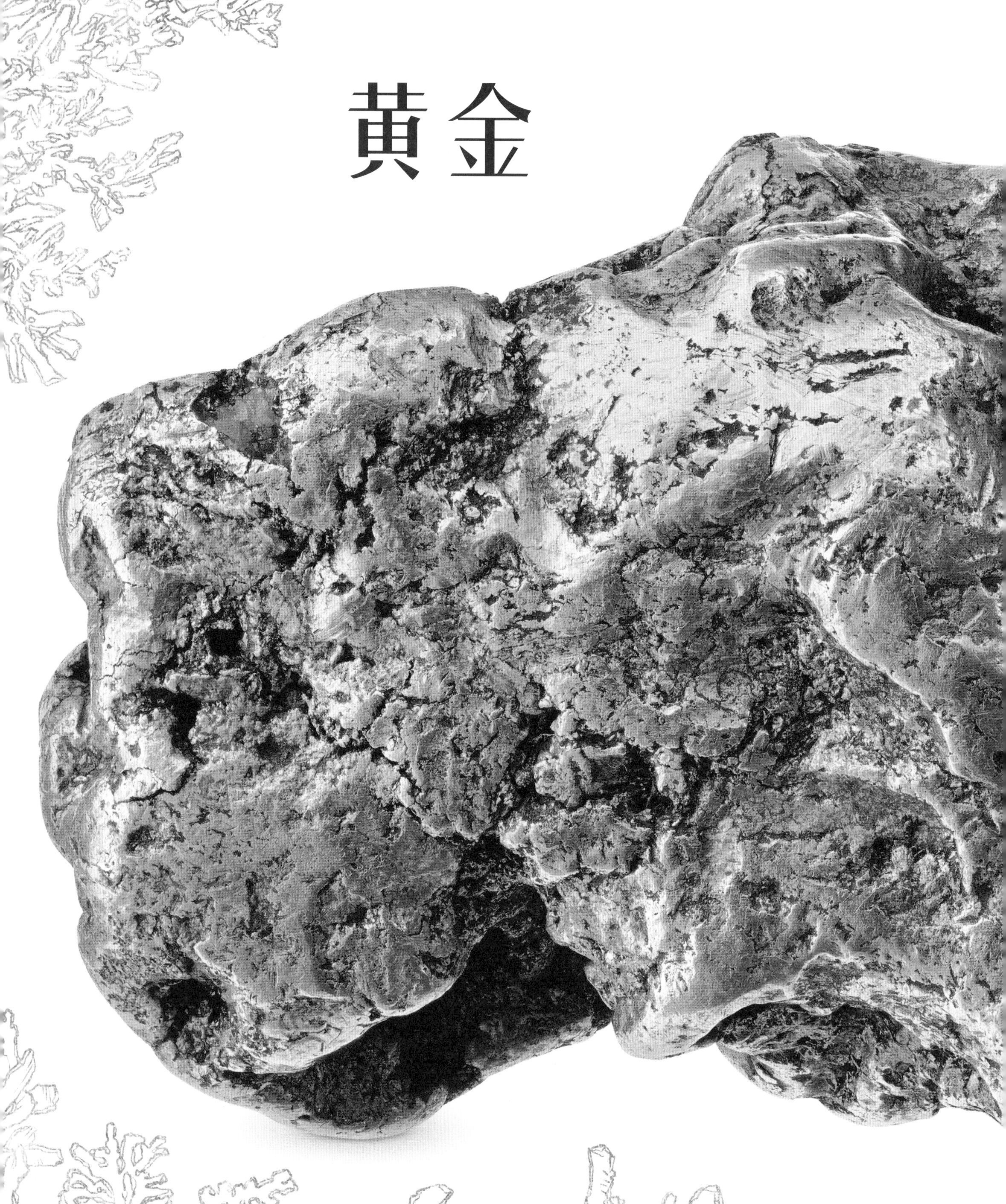

黄金，硬度 2.5~3 级

有一种说法认为，我们在地球表面发现的黄金，
大多来源于那些撞上地球的外太空小行星。

如果你发现河底有金灿灿的小斑点，那说不定就是黄金。金元素非同寻常，它不一定藏在岩石里，有时可以以黄金这种固态形式存在，组成单薄的金箔或臃肿的金块被冲入河流。

古往今来，这种稀有金属一直是人们梦寐以求的宝贝。南美洲的印加人认为，黄金是他们的太阳神因蒂流下的汗水。19 世纪中期，有将近 30 万人涌向美国的加利福尼亚州，只为在河床上寻找黄金。然而，在这股淘金潮中，只有很小一部分人找到了足以发财的黄金。

约 5000 年前，古埃及人将孔雀石块碎成粉末，
制成绿色颜料。

孔雀石

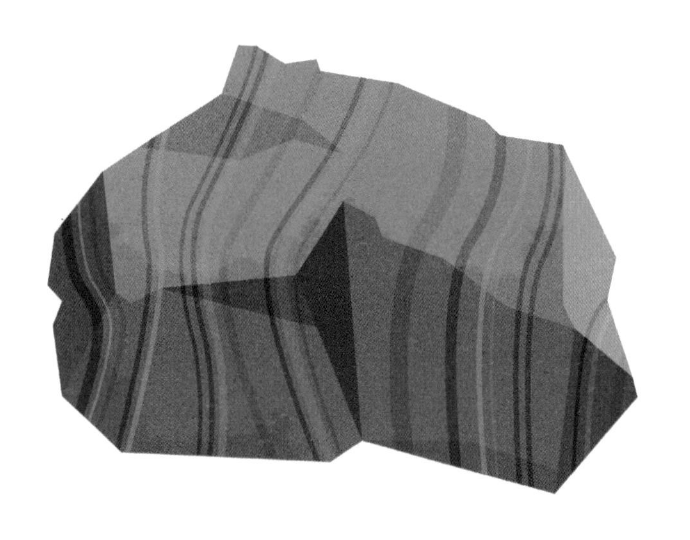

猜猜看，孔雀石里含有什么金属？说出来你可能觉得奇怪，但绿油油的孔雀石里其实满是含铜硫化物。孔雀石往往层叠发育，有时呈现出条纹状的外观，常常被当作宝石。

18 世纪，人们曾在俄国乌拉尔发现了一些巨型孔雀石，其中有些甚至和五头大象一样重！乌拉尔出产的一些孔雀石，被用于装饰圣彼得堡冬宫中的孔雀石大厅。世界杯足球赛的奖杯——大力神杯，底座上方的那两圈环带就是用孔雀石做的。

孔雀石，硬度 3.5~4 级

萤石

萤石因主要成分为氟
而又叫氟石。

萤石是由许多立方状晶体组成的集合体。萤石的颜色不一而足，甚至同一个晶体里可以包含不同的颜色。如果你用一种特殊的紫外线照在上面，萤石还会变成明亮的蓝色，仿佛在发光一样！这种幽光被称为荧光。

萤石有一种叫蓝色约翰的特殊变体，这种萤石有美丽的紫色、白色和黄色条纹。它的产地位于英国德比郡。古罗马人曾用这种萤石来制作杯子等物品，直到今天仍然有人收藏这种萤石。

萤石，硬度 4 级

蛋白石

火星上面也有蛋白石！
你可以在展示这颗红色星球地表状况的照片上，
看到它们的身影。

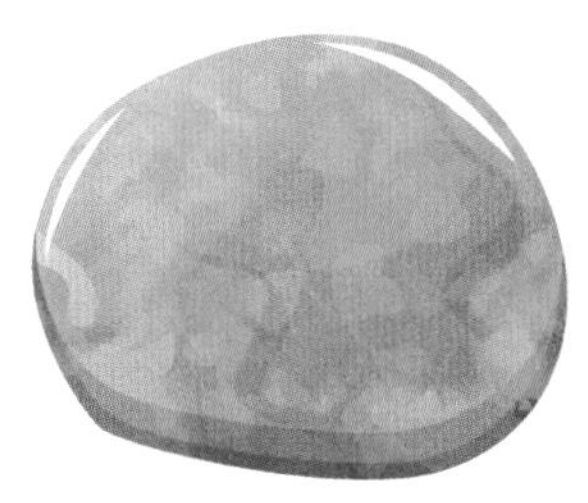

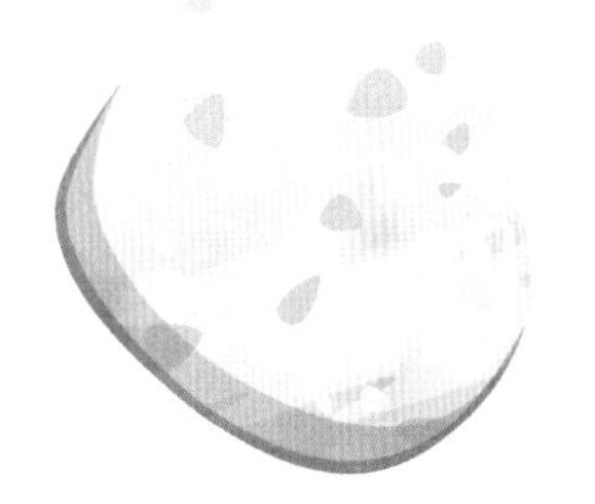

贵蛋白石[1]

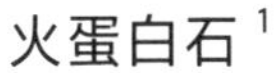

火蛋白石[1]

白蛋白石[2]

蛋白石可以说是固化的雨滴。有的时候，雨水滴落到岩石上，会把溶解的矿物带入岩石的缝隙中。这些矿物在几千年的漫长岁月里几经演化，最终形成了蛋白石。有些液体甚至永久地留在了岩石里，所以蛋白石有将近十分之一的成分是水。古希腊人认为，蛋白石是诸神之王宙斯的眼泪。在一次战斗得胜之后，他喜极而泣。泪水落到地面，变成了蛋白石。普通蛋白石是无色或白色的。

如果把有的贵蛋白石放在手里颠来倒去，你会发现它的内部仿佛着火了似的。从不同的角度看，贵蛋白石反射的光会呈现出黄色、橙色、蓝色或绿色等变彩。

---

1 宝石级蛋白石。

2 普通蛋白石。

贵蛋白石，硬度 5~6 级

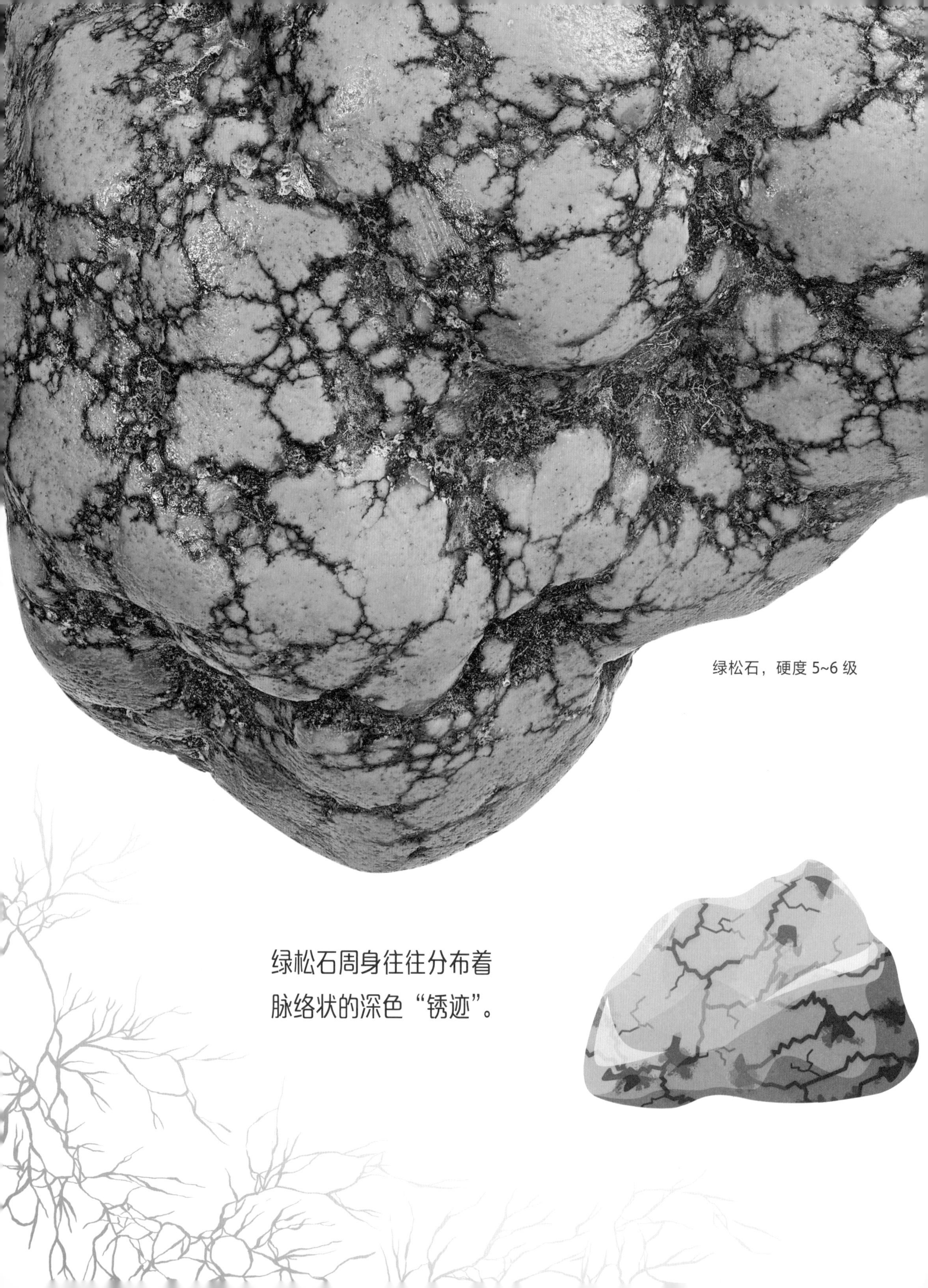

绿松石，硬度 5~6 级

绿松石周身往往分布着
脉络状的深色“锈迹”。

绿松石

绿松石究竟是蓝绿色还是青蓝色？这个问题可真难回答，因为绿松石的颜色主要是这三种颜色的混合。其中，美妙的蓝色和绿色分别来自铜和铁两种金属离子。如果含铁离子较多，颜色就偏绿；如果含铜离子较多，颜色就偏蓝。

绿松石是人类最早从岩石中开采出的宝石之一，中东地区就曾出土过 7000 年前的绿松石宝珠。墨西哥的阿兹特克人曾用绿松石制作项链、面具及其他物品。他们还把绿松石和神灵联系起来，比如火神修堤库特里的名字字面意思就是绿松石之主。

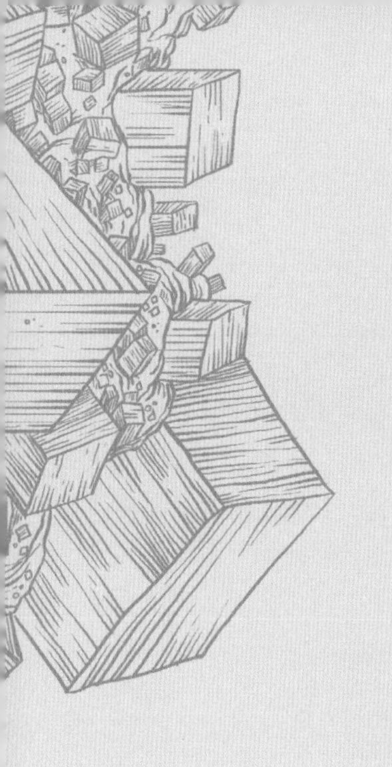

黄铁矿

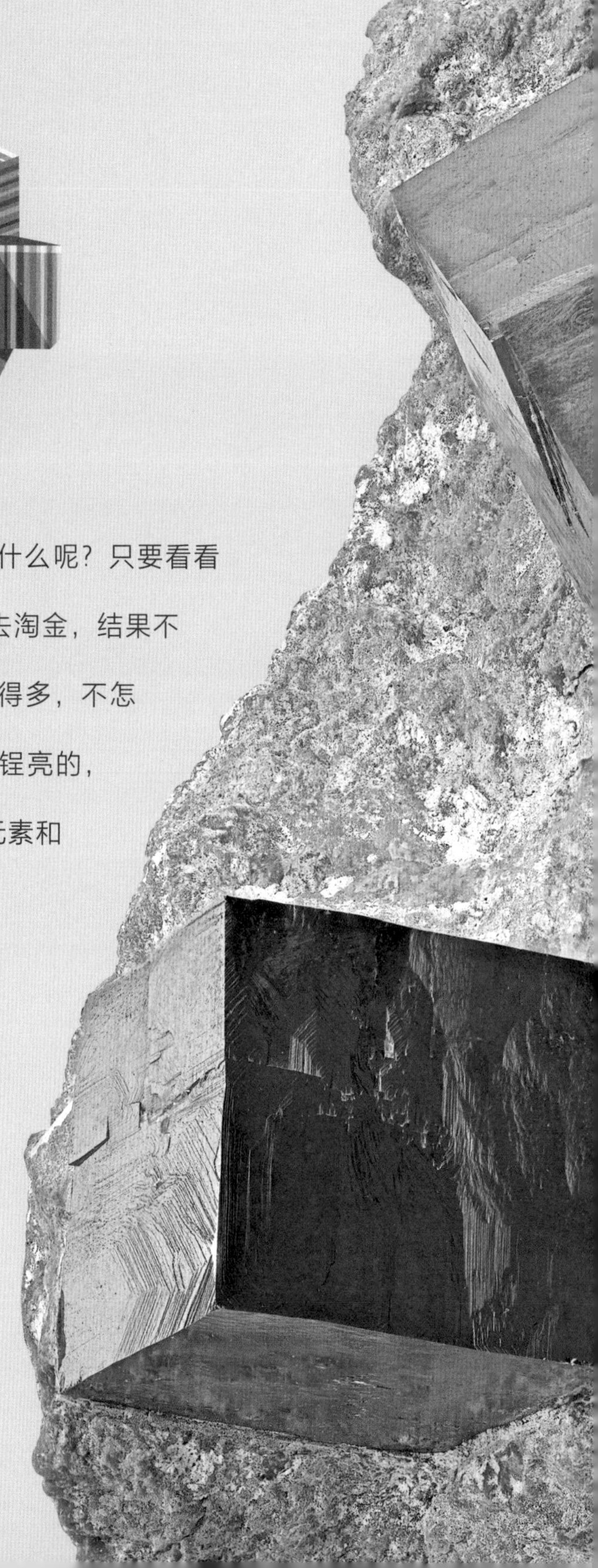

这种矿物常常被人们称作愚人的黄金。为什么呢？只要看看它们，你就知道了！很多人都在它们的蒙蔽下前去淘金，结果不但没发财，反而大失所望。这种矿物比黄金常见得多，不怎么值钱。它们真正的名字叫黄铁矿，是一种拥有锃亮的，颇具金属质感表面的矿物，实际的成分主要是铁元素和黄色的硫元素。

黄铁矿往往形成立方状的晶体，这种晶体的边呈完美的直线，仿佛是用机器切割出来的。有的表面还有许多笔直的小棱，整体看起来酷似条纹箱。

过去的人们
曾用反光的黄铁矿切片制作镜子。

红宝石，硬度 9 级

刚玉

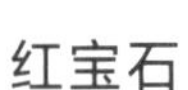

红宝石

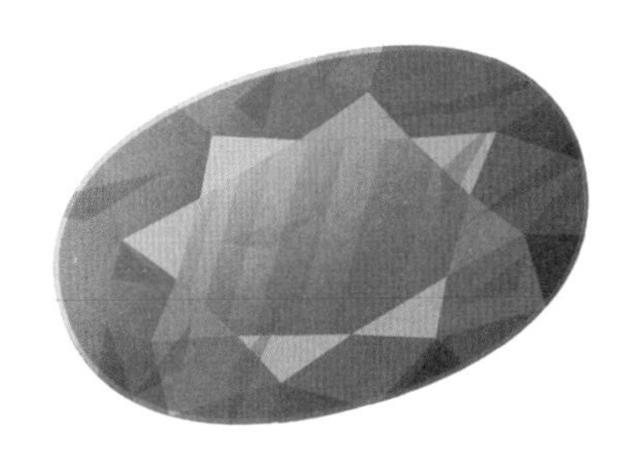

蓝宝石

什么东西既像星星一样亮晶晶，又像石头一样硬邦邦？答案当然是宝石！宝石是经过切割加工后闪闪发亮的珍贵岩石或矿物颗粒。红宝石和蓝宝石是两种著名的宝石。它们都是用刚玉这种矿物加工而成的，只是因含有少量的其他化合物，而呈现出不同的颜色。红宝石都呈红色，蓝宝石通常呈蓝色，有时也呈黄色、绿色和橙色。

越大、越明亮的宝石越贵重。“日出红宝石”约 25.596 克拉（约 5 克），却在 2015 年卖出了 2825 万瑞士法郎（约合人民币 2.1 亿元）的高价。英国王室的一顶王冠上，镶有一颗名叫斯图亚特的蓝宝石。它几乎有 4 厘米长、3 厘米宽，堪称蓝宝石中的巨无霸。

刚玉特别坚硬，
在硬度上仅次于金刚石。

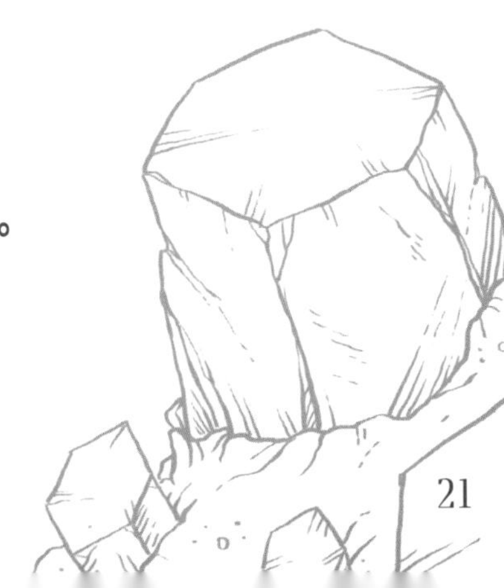

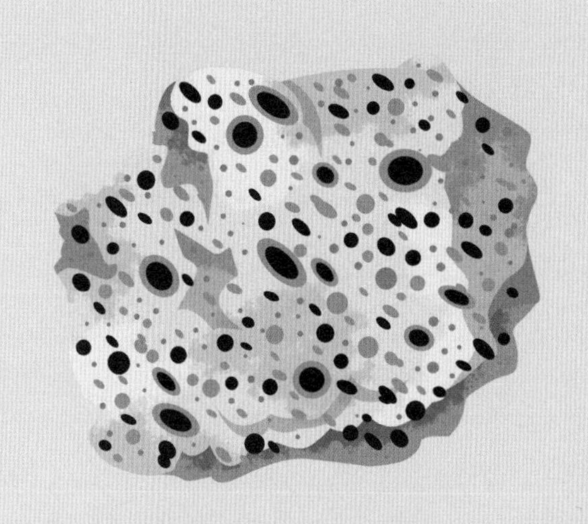

古罗马人曾用浮岩及其他材料混合成很结实的混凝土，
来建造住宅和神殿。

浮岩

海上漂浮的是什么东西？远看好像海浪披着一张灰色的毯子，可是凑近了再看，你会发现那竟然是许许多多的石头！这种岩石就是浮岩。“千疮百孔”的浮岩充满了气体，密度很小，体积大，可以浮在水面上。

这些石头是从哪里来的呢？其实，浮岩的成分几乎百分之百为玻璃质。有的时候，火山喷出的岩浆充满了气泡，就像开瓶后喷出的汽水。这些炽热的泡沫冷却下来后，逐渐硬化成了浮岩，并且因为有气泡而留下许多小孔。如果海床上有火山喷发，水下形成的浮岩就会浮到水面，像木筏一样漂流。谜团解开了！

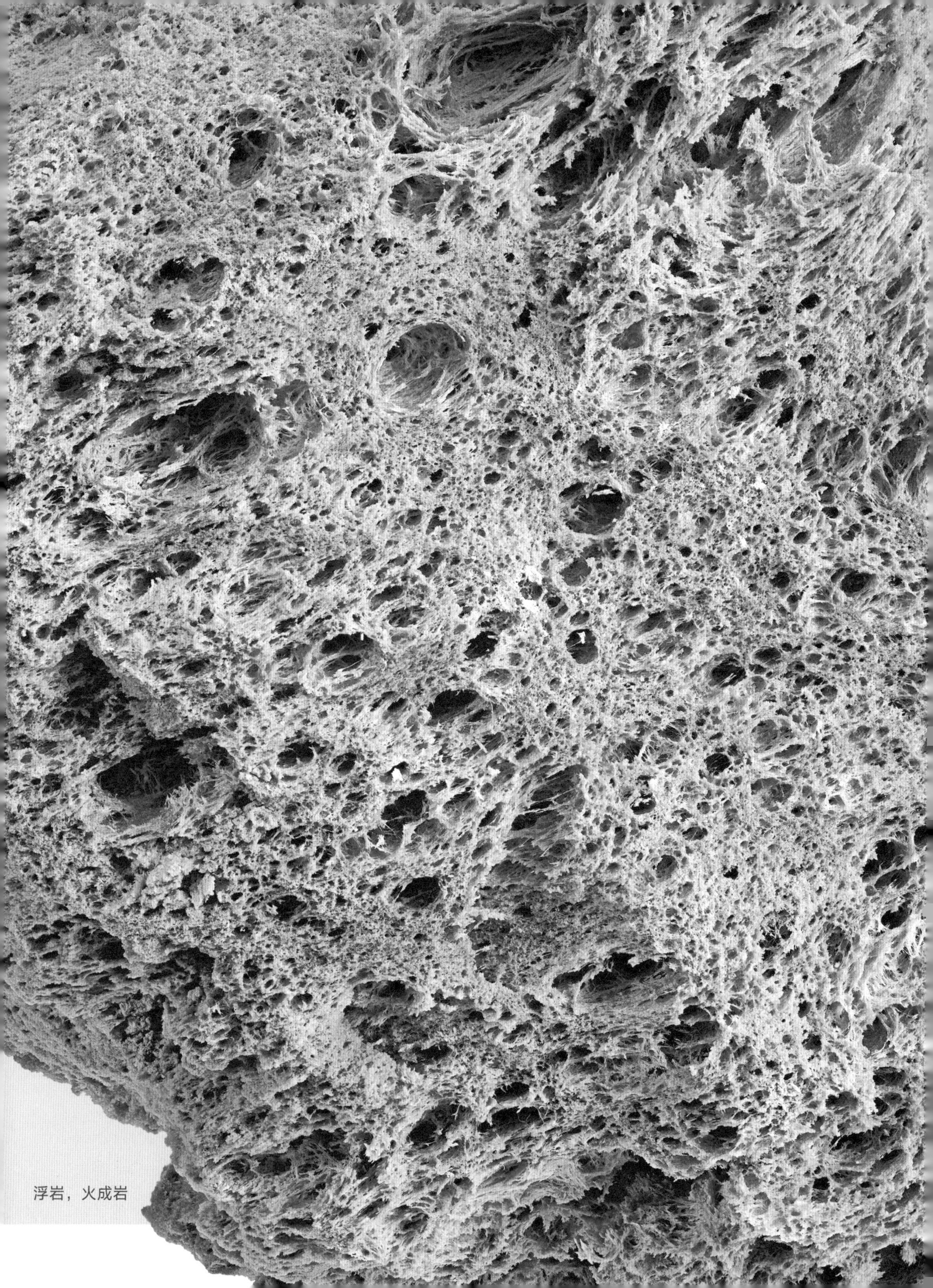

浮岩，火成岩

砂岩

动物的遗体、遗迹
常常困在砂岩的岩层里，
所以砂岩是蕴藏化石的宝库。

砂岩，沉积岩

砂岩的主要成分一目了然，因为其中的沙粒清晰可见。不同种类的岩石颗粒，在漫长的岁月中被流水冲进河流，然后又被河流带入湖泊和海洋。随着时间推移，沙粒越积越厚，像三明治一样层层叠叠、挤挤挨挨形成砂岩。在上层的重压之下，砂岩下方岩层中的矿物逐渐聚合到了一起。正因如此，砂岩就算沾了水，也不会像沙堡一样塌掉！

澳大利亚北部的沙漠中耸立着一块名叫乌卢鲁的独体巨石。它也叫艾尔斯岩，其实是一块巨大的砂岩，表面因氧化而呈红色。虽然它的长度约为 3.6 千米，但地表可见的部分还只是冰山一角——它所属的那块巨大砂岩的绝大部分都藏在地下。

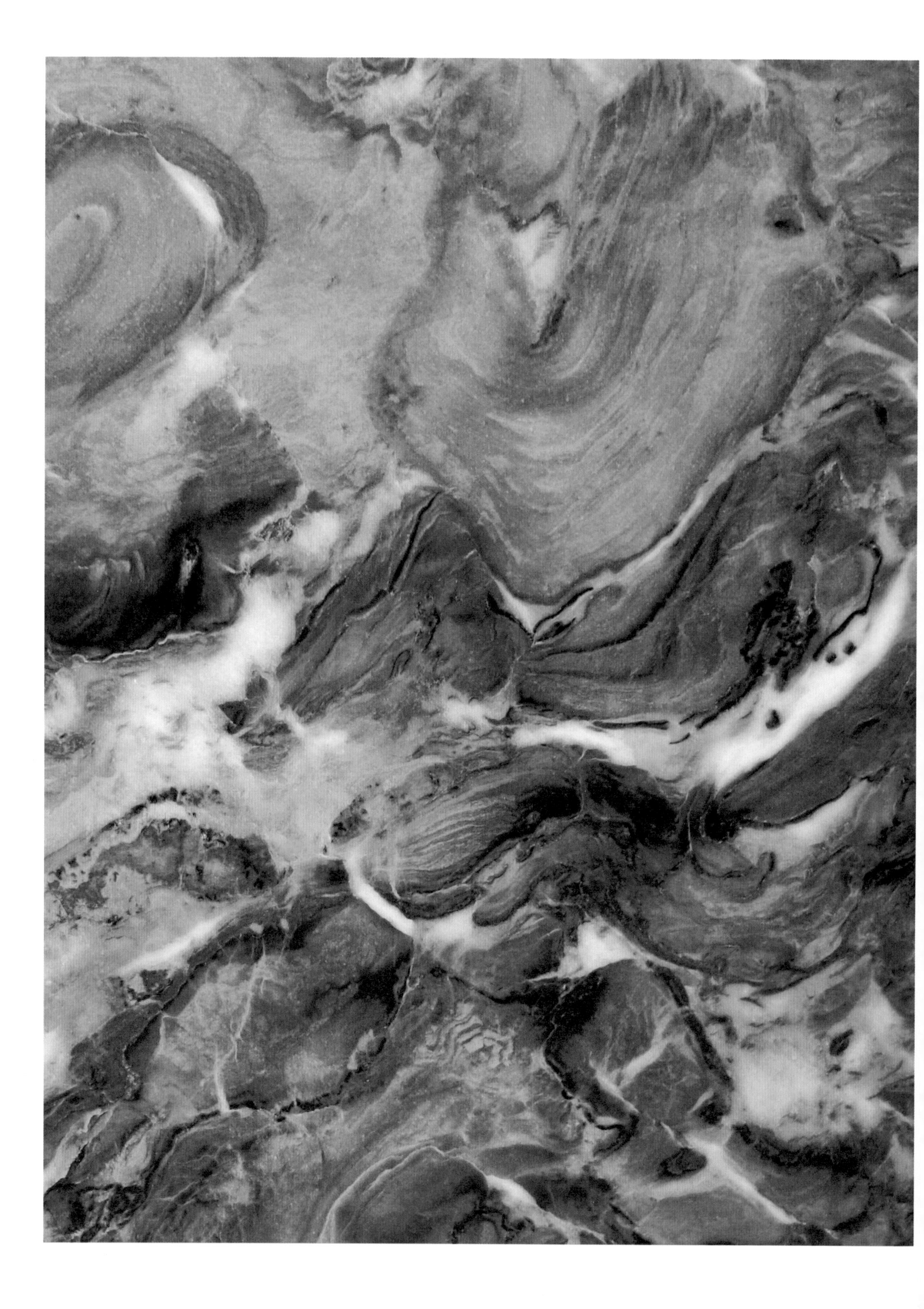

大理石

在我们脚下很深很深的地方是地球的内部世界，那里不仅温度极高，而且承受着外部圈层的岩石等的重量产生的巨大压力。这些压力非常强大，甚至可以把岩石从一种类型转变为另一种类型。比方说，把石灰石变成大理石。

大理石是最美的岩石之一。它们有许多颜色，比如黑色、灰色、绿色和白色，往往还有其他矿物形成的旋涡图案贯穿其中。大理石可以被打磨得超级光滑，而且很容易雕刻。由于这些优点，大理石成为建筑和雕塑的热门材料。不过，大理石特别重——一块边长一米的大理石立方体与一头成年犀牛的重量不相上下！

泰姬陵是印度最著名的建筑物之一，
它主体建筑的表面铺满了洁白的大理石。

大理石，变质岩

菊石化石，沉积岩

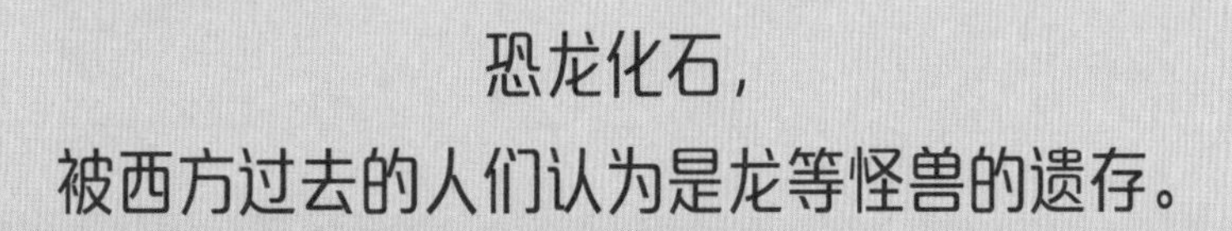

恐龙化石，
被西方过去的人们认为是龙等怪兽的遗存。

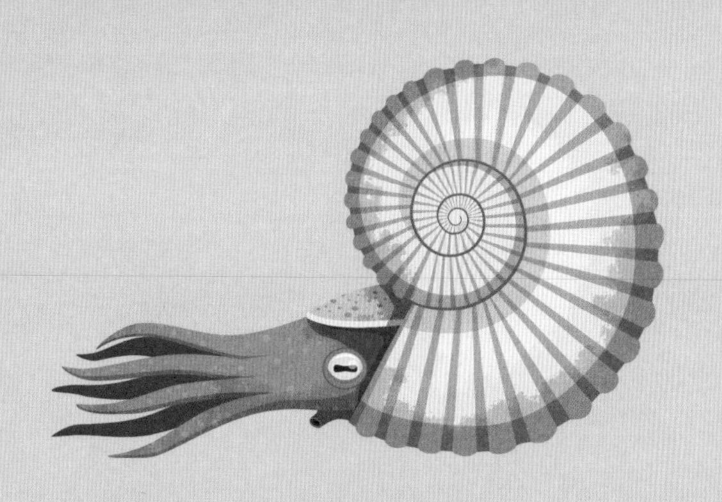

化石

左边这个是用黄金做成的动物化石吗？答案既是肯定的，又是否定的。有的时候，动物或植物正好死在黏糊糊的泥巴或沙地里。后来，遗体上柔软的部分逐渐腐烂消失，只剩下坚硬的骨骼、甲壳或茎梗。在数百万年的时光里，构成那些坚硬部分的物质逐渐被矿物取代，因此变成了化石。有些化石碰巧是由金色的黄铁矿构成的，所以看起来金灿灿的！

螺旋状的菊石化石是一种常见的化石，它们其实是曾经遍布世界各地的海洋生物菊石留下的壳形成的化石。菊石和今天的乌贼还有章鱼，可以说是生物学上的近亲，但菊石拥有蜗牛壳似的坚壳防身。

琥珀

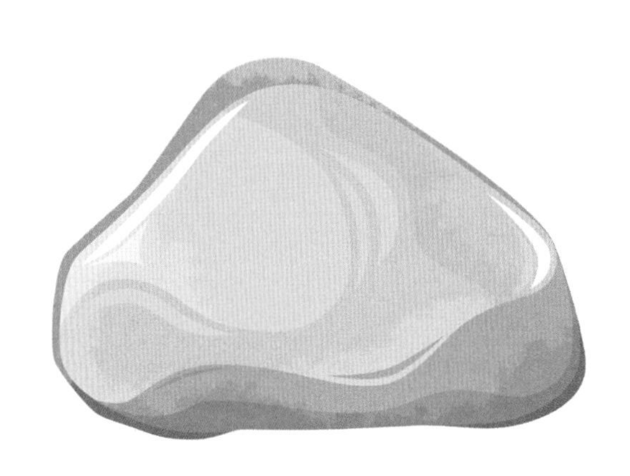

什么东西既像蜂蜜一样金黄，又像玻璃一样透亮？答案是琥珀。古希腊人认为，琥珀是一滴滴固化的阳光。但琥珀实际上是从树上来的。松树和冷杉树破皮后会分泌一种叫树脂的黏稠液体，它能覆盖伤口，然后形成硬化的保护层。和恐龙的骨头一样，树脂也能变成化石样物质，也就是琥珀。

琥珀能像时间胶囊一样保留史前世界的奥秘。例如，一只史前的蜘蛛或昆虫，爬上金黄黏腻，还没硬化的树脂，结果被困在了里面。树脂变成琥珀后，里面的蜘蛛或昆虫也被永久保存了下来。于是，今天的我们便能看到这些几百万年前的生物样貌了。

有一种稀有琥珀平时是橙色的，
一旦放到阳光下却会变成蓝色！

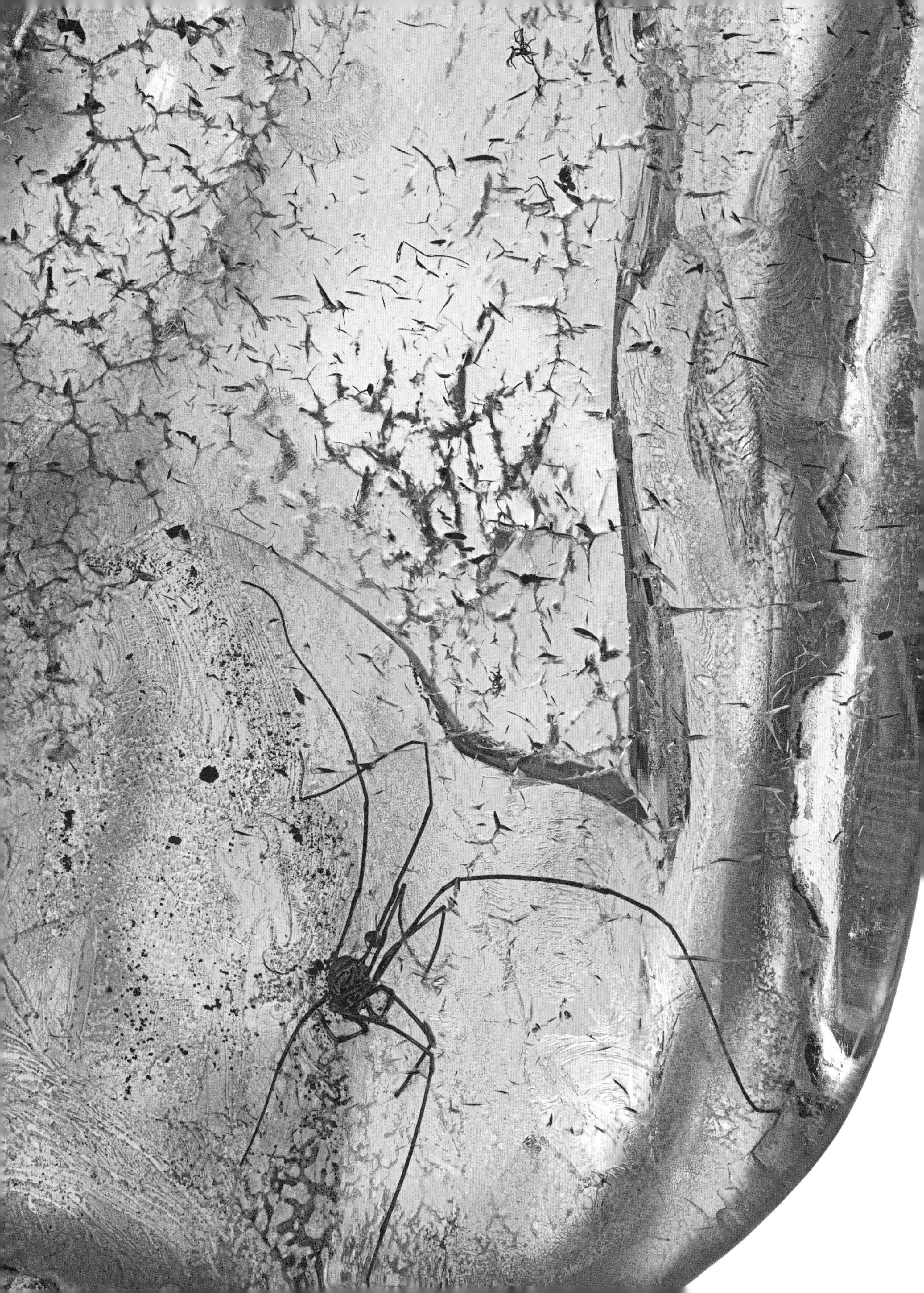

微生物

我们很容易忘了这样一个事实：很多生物都太小，以至于人眼都看不见它们。某些低级生物个体甚至简单到只有一个细胞。细胞也是组成我们身体的最小“砖块”，一个成年人大约有 60 万亿个细胞！最小、最简单的有机体必须放在显微镜下才能看到。因为即使某些性能强大的，带相机的显微镜也只能看到黑白图像，所以往往要加入色彩来让画面更好分辨。微生物可能是微型的动物和植物，也可能是动物和植物之外的东西，比如真菌。本章将从简单原始的细菌讲起，最终带你了解微小但复杂的微生物。

5. 原生动物

原生动物每个小小的有机体大多只有一个含细胞核，或者说调控中心的细胞。它们中有些微型捕食者，比如像黏液一样流动的变形虫。有孔虫和放射虫是目前已知真核原生动物的重要类别。

2. 古菌

这些微小的生物虽然构造简单，生命力却很顽强。和细菌一样，古菌个体大多也是由一个没有细胞核，或者说调控中心的细胞构成的。

6. 真菌

真菌以腐物或死尸为食，比如伞菌，也就是蘑菇。它们的身体是常常由许许多多像毛发一样的“细丝”构成的。

7. 微型动物

我们身边到处都有微型动物。它们有的在其他动物身上寄生，有的在土壤里藏身，有的在海洋中漂流……微型动物在淡水或海洋中聚集时，往往会形成大片的浮游生物群。

4. 蓝藻和绿藻

蓝藻和绿藻借助阳光来制造养分，据说，它们产生的氧气比地球上所有树产生的氧气还多。但它们的个体都比较小。

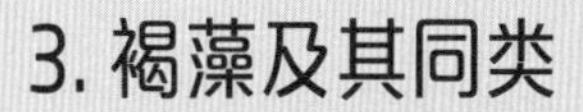

3. 褐藻及其同类

褐藻生活在海洋里，很多看起来像植物。褐藻是鞭毛藻、硅藻、颗石藻的同类。鞭毛藻会用“尾巴”游动，颗石藻拥有微小而精美的“骨骼”。

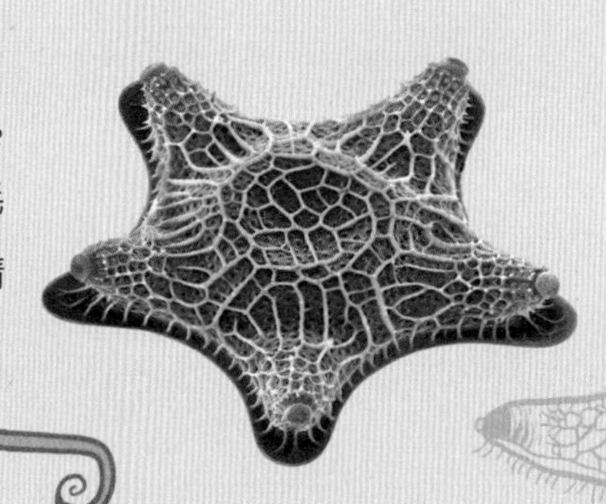

1. 细菌

细菌和古菌都是比较简单、比较原始的原核生物。细菌在地球上已经存在了至少 30 亿年，它们几乎无处不在，就连人体内部也有它们的身影。

颗石藻

白垩是主要由颗石藻化石堆积而成的石灰岩，
同时也是一种沉积岩，可用来制造粉笔。

赫氏颗石藻，世界各地

图中这一个个小东西其实比一粒盐还小，但它们却拥有自然界最漂亮的甲壳之一。每个小球其实是由许多名叫颗石的小骨板组成的。它的建造者就住在里面，是一种名叫颗石藻的微生物。

颗石藻是生活在海洋里的微生物。只要条件适宜，它们的数量就会迅速增长。毕竟，这种生物的寿命大多只有短短一天，所以它们要赶紧繁殖！如果大量的颗石藻在海面上漂浮聚集，就会形成“藻华”，此时，一升海水里的颗石藻数量可能高达一亿个。颗石藻藻华甚至会出现在从外太空拍摄的卫星照片上。由于颗石藻会反射阳光，所以藻华爆发时的海面会变成乳白色的。

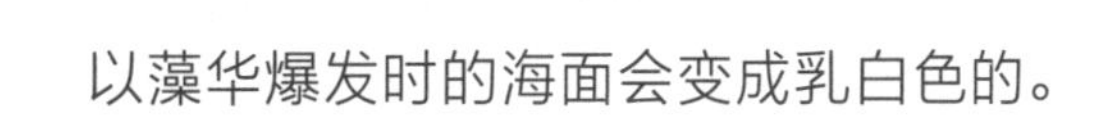

巨藻一天之内
可以长高 60 厘米，
最终的高度可以达到 45 米，
和热带雨林的乔木一样高。

褐藻

你刷过牙吗？洗过头吗？吃过冰激凌吗？如果答案都是肯定的，那你很有可能已经跟巨藻打过交道了。牙膏、洗发露和甜点里的一种常见成分，就是从巨藻里提取出来的。巨藻是怪兽级的海草，有它们在的地方就会形成水下森林。许多动物都在巨藻宽大的叶带间藏身，比如鱼、章鱼和海獭。

巨藻是褐藻的一种。褐藻种类繁多，但并不是所有种类都长得很高。有些只有几厘米高，由头发似的“细丝”构成。和绿藻一样，褐藻也靠阳光制造自己所需的养分。有些种类的褐藻长有可以使它们浮到水面的“气囊”。这些气球似的漂浮物，可以让它们黏滑的叶片尽量接近阳光照耀的海面。

巨藻，世界各地

硅藻

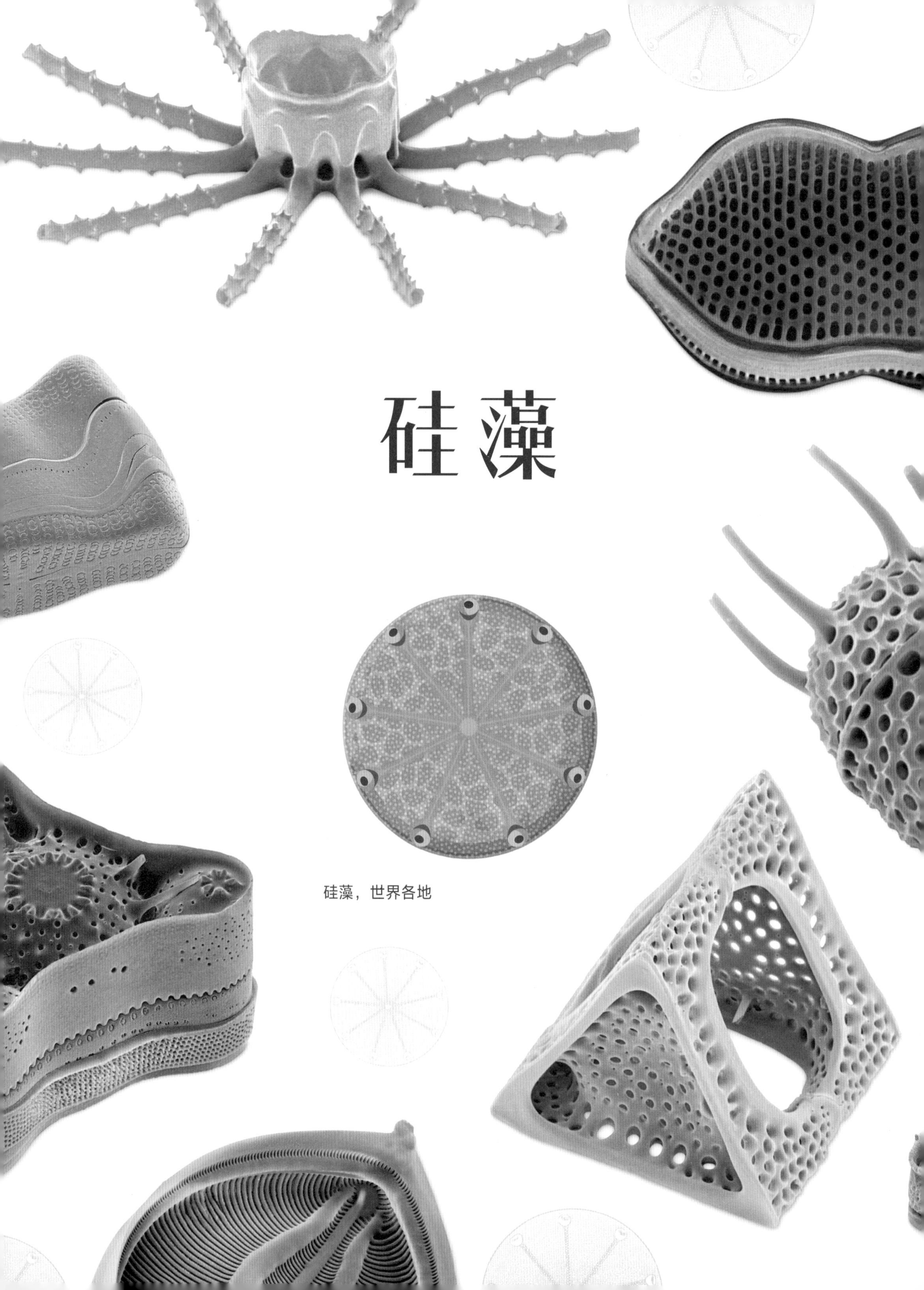

硅藻，世界各地

据说，地球上约三分之一的氧气都是由硅藻产生的。

这些东西看起来好像花花绿绿的糖果，但它们其实都是名叫硅藻的微生物。硅藻是褐藻的同类，但它们比褐藻小得多，往往比人的头发丝还细。如果我们给它们的照片染色，就会看到它们的身体各不相同，而且形式很复杂。硅藻的“骨骼”，是由二氧化硅构成的。

浮游生物群像云团一样在海洋里随波逐流，其中硅藻占据了很大的比例。它们是海绵和姥鲨等各种滤食动物的食物。硅藻死后，它们精致的骨骼会沉到海底，有时甚至会堆积成厚达 500 米的软泥！

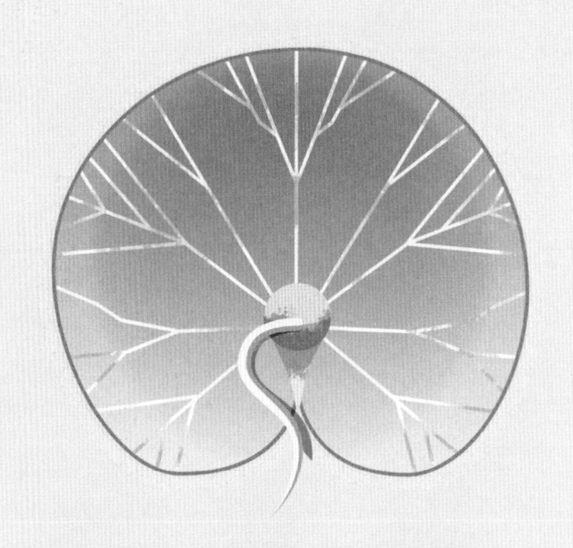

夜光藻

夜幕降临，海滨幽光四起。放眼望去，四周的海浪竟然荧光点点，忽明忽暗。这种神奇的现象，其实是由数以十亿计的微生物产生的，而这种微生物就是夜光藻。夜光藻是一种鞭毛藻，它们生活在水里，大多个体都只有一个细胞，小到可以坐在针尖上。为了在水中游动，它们必须把长长的“尾巴”像鞭子一样甩来甩去。

夜光藻被外物触碰时会发光，这是为了吓走饥饿的捕食者，比如看起来像虾的桡足动物。随着波涛拍岸，整个海滩有时都会被夜光藻渲染成蓝色。

夜光藻，世界各地

夜光藻虽然是一种鞭毛藻，
但它们的鞭毛已退化。

金团藻，世界各地

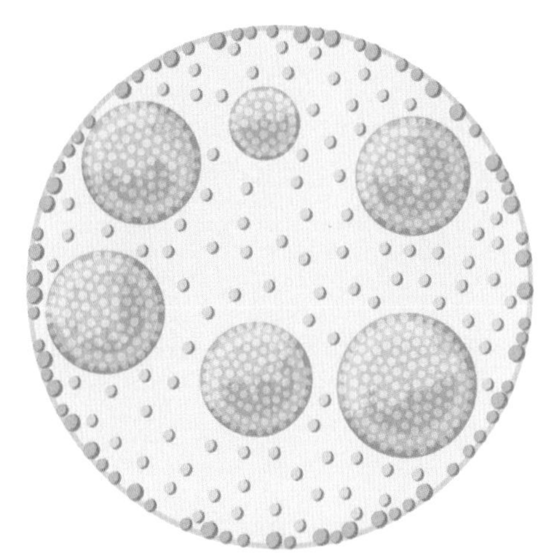

绿藻

看到画面上这些美丽的球体了吗？其实一滴水中，它们的数量远远不止这些。这里每一个斑斑点点的小球都是名叫金团藻的绿藻。它们漂浮在水洼或池塘的淡水里。绿藻和植物一样，利用叶绿素和太阳能来制造养分。这种叫叶绿素的化学物质也是它们颜色的来源。

绿藻实际上是一个包含许多成员的庞大生物学种类。它们的个体通常都很小，只有一个细胞，必须放在显微镜下才能看见。但它们也可以聚集成一团绿色的软泥，或者长成绿色的水草。有些甚至在树懒和海牛等动物身上安家，给它们披上绿色的外衣！

金团藻体内那些“小绿球”是
它们的宝宝。宝宝们越长越
大，最后会把“大绿球”撑破。

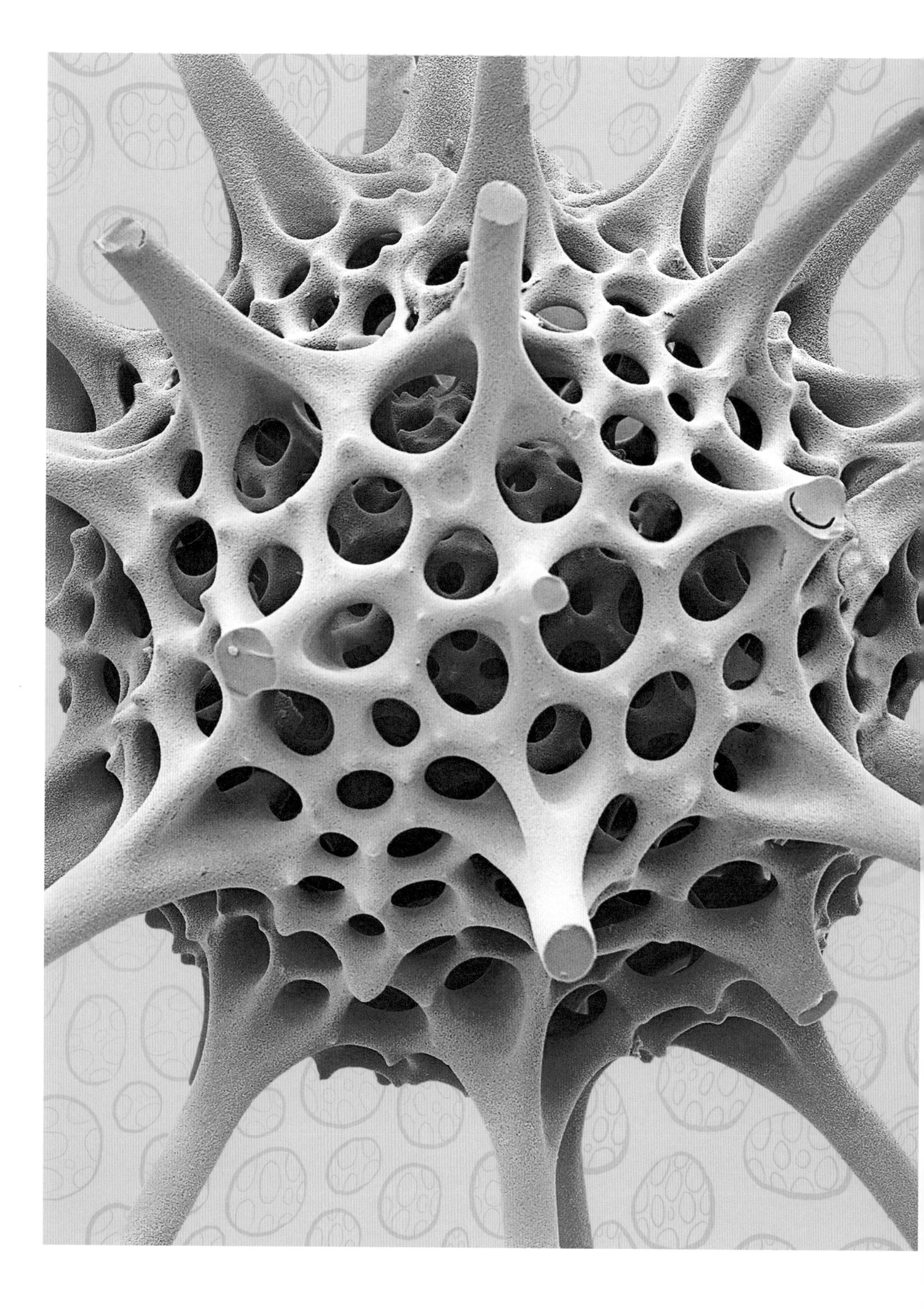

有些放射虫长有可以让它们在水中漂浮的小刺。
不过，这些小刺十分脆弱，很容易折断。

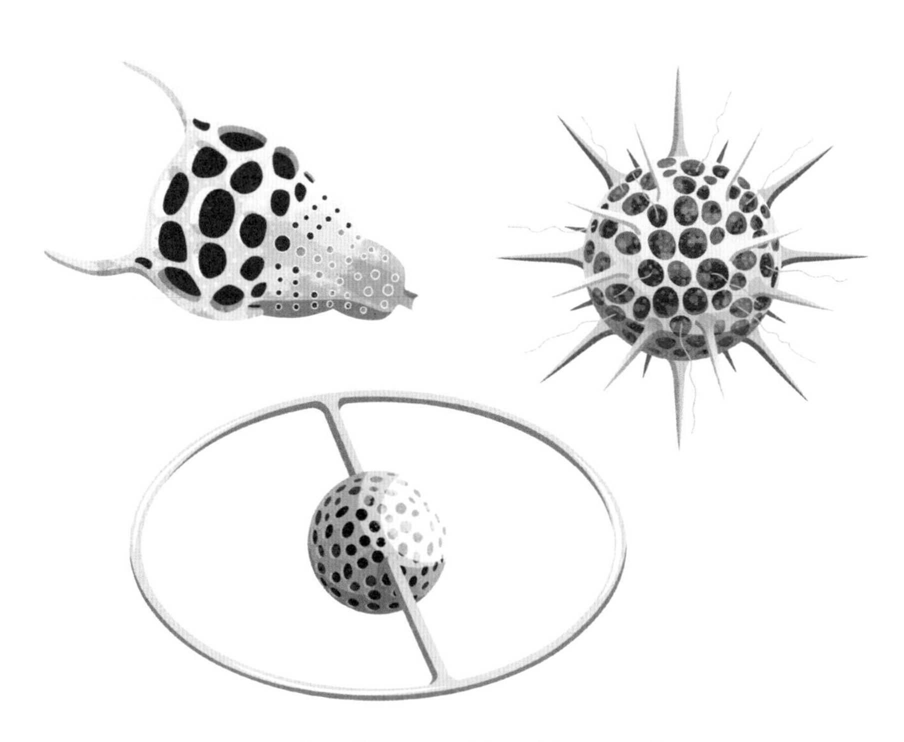

放射虫

这种叫放射虫的微生物，往往拥有让人惊奇的精美“骨架”，骨架看起来仿佛是用玻璃做成的，那是因为它的成分是二氧化硅，而二氧化硅正是玻璃的主要成分。每一副这样的玻璃骨架里，都住着一个软绵绵的有机体。

放射虫生活在海里。它们的捕食方式是将伪足从不同形状的身体中伸出来，钻出笼子似的外壳上的小孔，逮住经过的猎物。放射虫死后，空洞的骨架会保存下来。这些骨架有的像星星，有的像高尔夫球、宇宙飞船，还有的甚至像土星。你觉得它们像什么呢？

放射虫，世界各地

星砂

咦，这不是爆米花吗？难道是早餐谷物？其实都不是，而是一小堆星砂。虽然名字里有个“砂”字，但它们其实并不是真的砂，而是有孔虫死后留下的空壳化石。由于其中一些形状像星星，所以它们就有了星砂这个名字。每个有孔虫都有一副钙质“骨骼”，大小和一粒沙差不多。有孔虫生活在海床上，它们从外壳的小孔里伸出小“胳膊”，捕捉细菌或藻类等微小的猎物吃。

有孔虫死后，它们的外壳在海床上堆积起来，然后在几百万年的时光里逐渐变成了化石。有时，我们会在远离海岸的岩石里发现这种化石，这表明，那片地区很久以前可能是海洋。

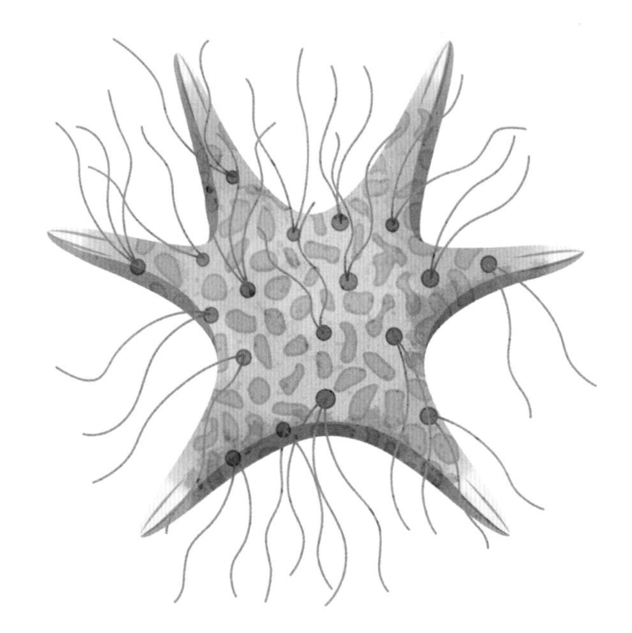

有些海滩铺满了星砂，
其中一些的颜色甚至是鲜艳的粉红色！

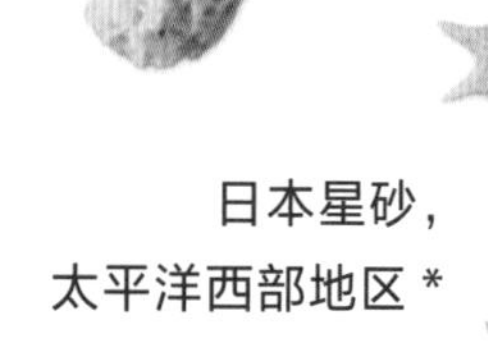

日本星砂，
太平洋西部地区 *

* 这是物种所处的区域之一。

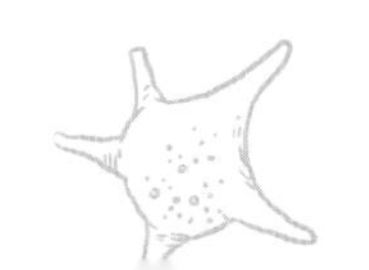

变形虫

变形虫伸出颤悠悠的伪足来移动时，看起来就像一团果冻突然间有了生命。当你从池塘里舀一勺水放到玻璃上时，很有可能就会捞上来一些变形虫。它们虽说大多是单细胞生物，但有的也能长得很大，大到几乎可以被人用肉眼看见。变形虫没有脑，它们直接用变形的方式来移动：先伸出黏糊糊的“手指”引导方向，再让液态身体的其余部分跟上去，如同黏液一样流动。

你别看变形虫个头小就以为它们温顺好欺负。实际上，变形虫和老虎一样凶猛！捕猎的时候，它们会直接流过去包住猎物，然后把对方活生生地消化掉。幸好这些家伙只吃其他的微生物！

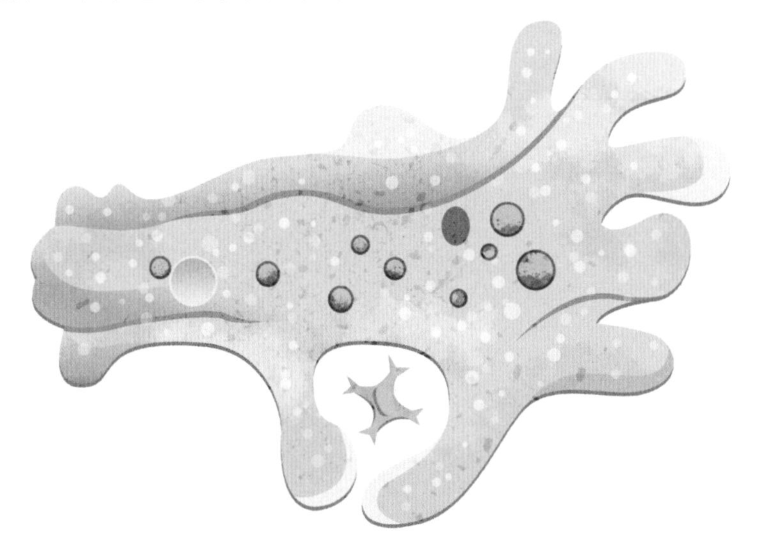

变形虫可以一分为二，分裂成一对双胞胎似的后代。

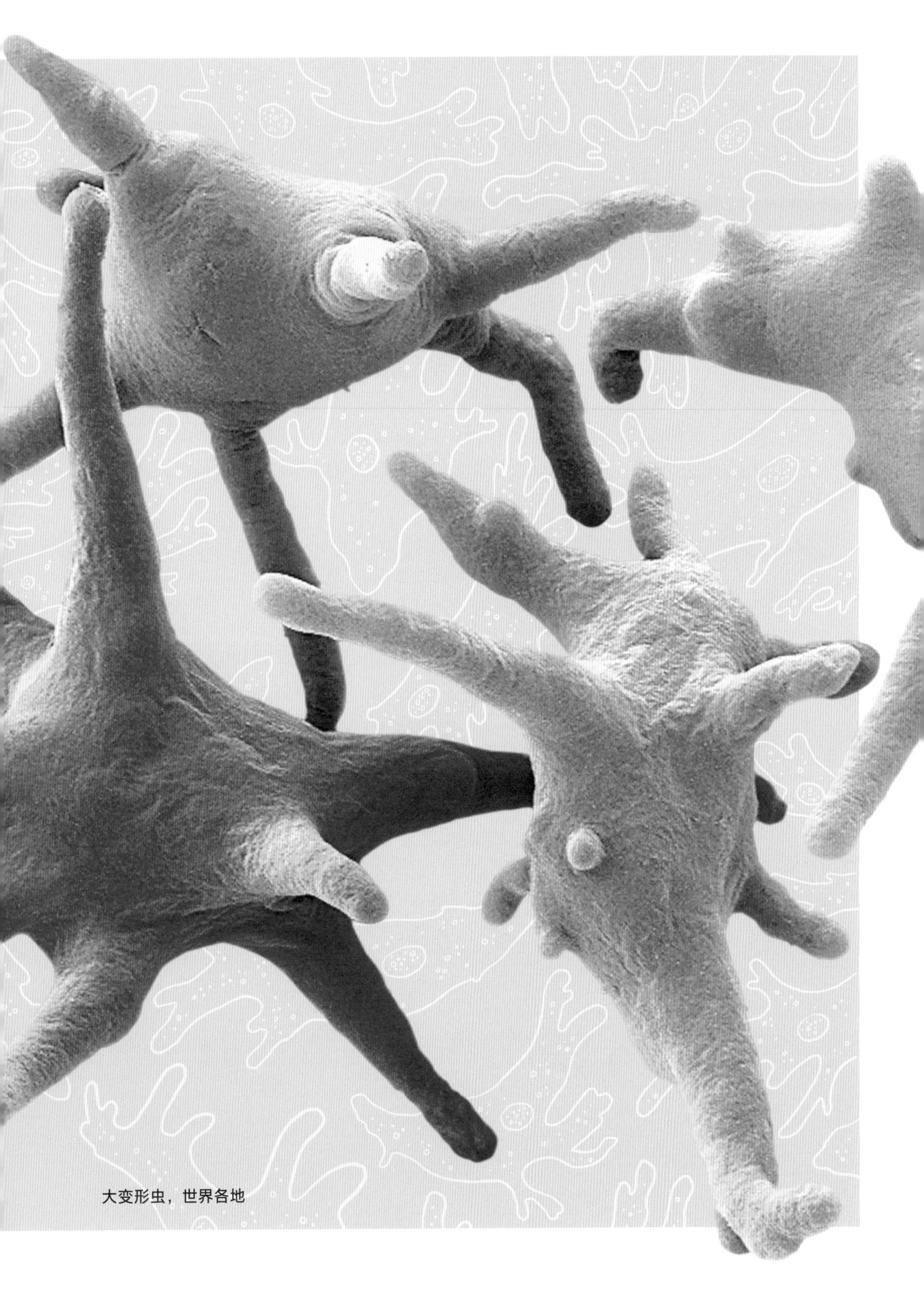

大变形虫，世界各地

有些种类的伞菌成圈地生长，形成“仙女环”。
人们曾经相信那是仙女和精灵们跳舞的地方。

伞菌

这身白点红底的装扮，其实是一种伞菌在发出警告：“我的毒能致命！”虽说并不是所有的伞菌都有毒，但确实很多都是有毒的，所以你千万不要随意把它们采来吃。伞菌既不是植物，也不是动物，而是一类真菌。除了它们，其他蘑菇和霉菌也是真菌家族的成员。

真菌主要生长在隐蔽的地方。我们看到的部分实际上只是它们的“果实”。大多真菌在地下还隐藏着数百万类似于根的菌丝，正在消化着死尸或腐物。呀，真恶心……不过话说回来，这其实是真菌在从土壤里回收养分。如果没有它们承担如此重要的职责，那地球生物圈的生态环境将不可设想！

毒蝇鹅膏，世界各地

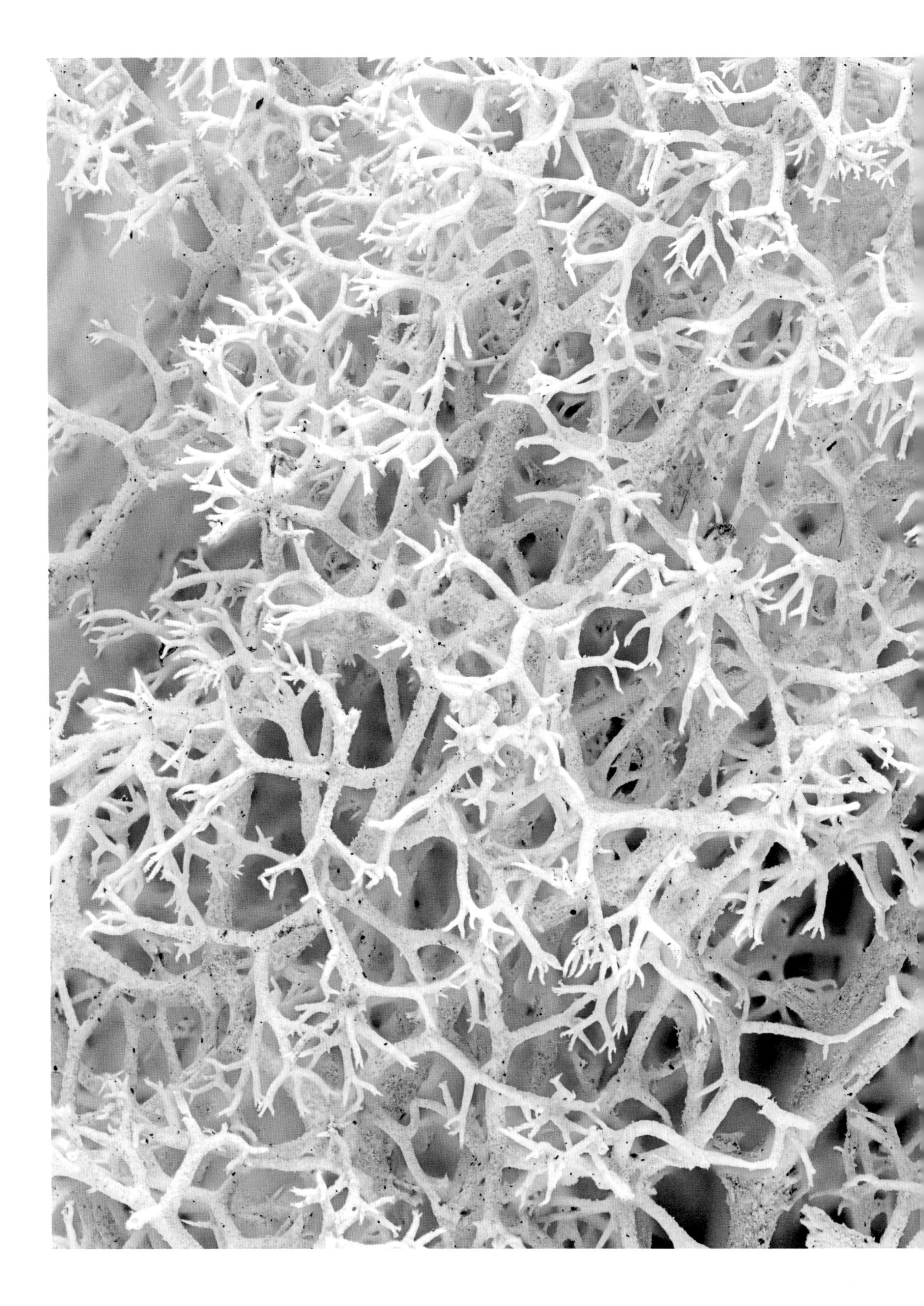

地衣

有的时候，生活的意义全在于分享，而分享正是地衣最在行的事情。地衣其实是两种不同的有机体生活在同一个躯体里，其中一方是真菌，另一方是住在它们里面的绿藻等藻类。真菌保护藻类，并且和它们共享水资源；藻类则通过光合作用制造养分和真菌共享。最终，双方实现互惠共赢！

地衣无须土壤，可以生活在其他植物难以生长的环境里，所以你经常会在石头、墙壁或者屋顶上看到它们，就连北极地区和靠近南极点的地方也有它们的身影。为了繁殖，地衣会制造出灰尘似的孢子，让它们像风一样飞散出去播种，发育成新的地衣。石蕊身上那些鲜红色的小斑点就是产生孢子的地方。

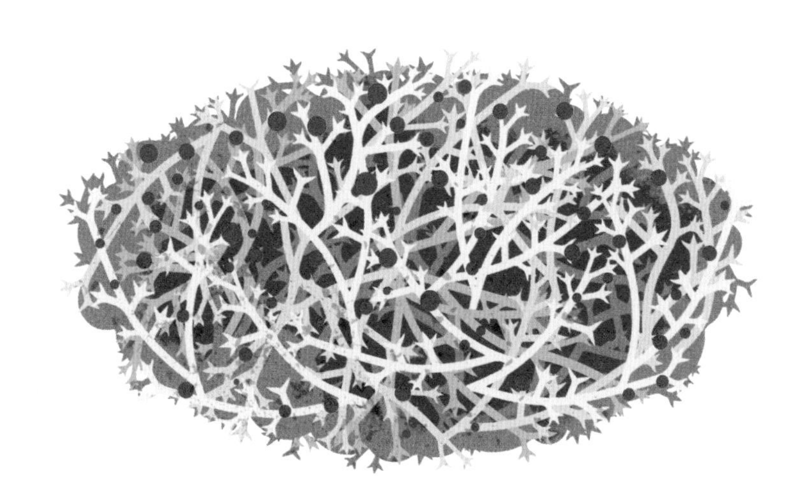

银灰色的石蕊，也叫驯鹿苔，是驯鹿在冬季重要的食物。

石蕊，北极地区

熊虫，世界各地

熊虫

熊虫无处不在。从高山之巅到大洋深处，这种微型动物活跃在世界各地，而且只需要一丁点水就能活。熊虫用钩子状的爪子在松软的苔藓上爬行，体长大约 1.5 毫米。它们也被称作缓步动物或苔藓小猪。

熊虫可以说是世界上生命力最顽强的动物。无论是被冻僵，被水煮，用 X 射线照射，还是承受泰山压顶般的压力，它们都能活下来。如果环境过于干燥，熊虫会干瘪脱水，进入“小桶状态”。然而，只要环境恢复湿润，哪怕已过了好几年，它们也能重新膨胀成小胖子，然后若无其事地继续生活！

2007 年，熊虫被人们送进了太空。
迄今为止，它们是唯一离开航天器，
完全暴露在外太空环境中还能存活的动物。

桡足动物

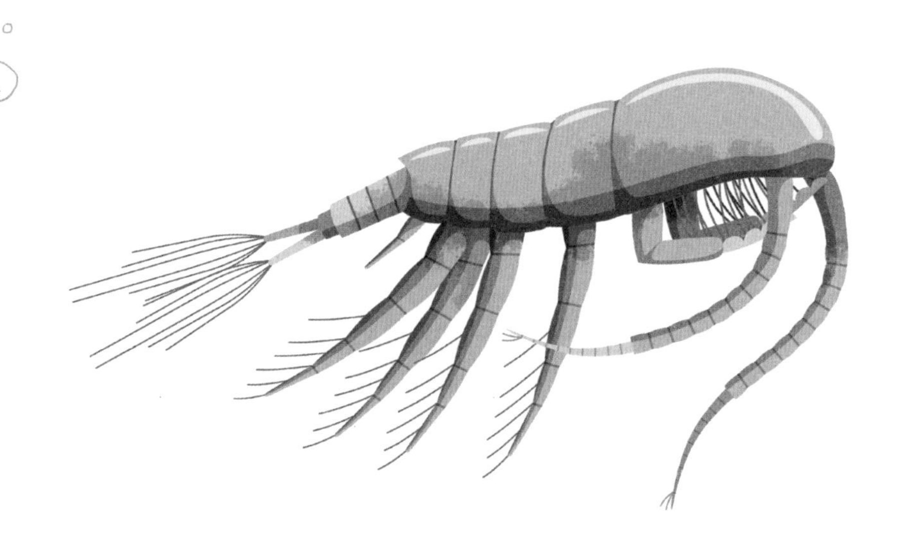

有些桡足动物是生活在其他动物身上的寄生虫，
其中有一种甚至就住在某种鲨鱼的眼球上！

对单个桡足动物来说，一勺水就相当于一个游泳池。桡足动物是虾的袖珍同类。它们踢腾着毛乎乎的腿，在水里一顿一顿地游动。桡足动物的身体通常是透明的，有些种类能在黑暗中发出青蓝色的微光。很多桡足动物个体都只有一只长在脑袋中间的眼睛，看起来就像古希腊神话里可怕的独眼巨人。

桡足动物的昼夜集体迁徙，是地球上规模最大的旅行活动之一。每天晚上，全世界的桡足动物都会借着月光蜂拥到海面上。次日早上，它们又会下沉到大海深处。这么做可以帮它们在白天躲避鱼类的捕食。

柱形宽水蚤，大西洋地区

蕨类植物

有的蕨类植物拥有卷曲的茎或羽毛状的叶片，是森林里常见的景观。它们同地钱和石松一样，都是靠散播孢子来繁殖的。

苔藓植物

苔藓植物要么长得像圆圆的垫子，要么长得像软软的毯子。大多生活在潮湿的环境里，比如森林里或靠近淡水的地方。全世界共有两万多种不同的苔藓。

植物

从小小的苔藓丛到高高的树木，植物的形态千变万化。植物无法像动物那样四处移动，捕食其他的动植物。不过，只要有水、阳光和二氧化碳这三大条件，它们大多可以自己生产所需的一切养分。一提起植物，你多半会联想到绿色吧？植物的绿色其实来自一种名叫叶绿素的化学物质。这种神奇的物质还能吸收太阳能，供植物生产本身所需的糖分等。本章将从较简单、较原始的地钱开始逐步深入，最终带你了解绚丽多彩的被子植物。

针叶树

针叶树和它们的近亲大多在球果内部生成裸露的种子，属于裸子植物。冷杉、松树和柏树等常见的针叶树往往全年常青，无论什么季节都会披着它们尖刺似的叶子。

被子植物

你平时看到的大多数植物都属于被子植物。许多被子植物都长着美丽的花朵，吸引传粉者在花朵之间传播花粉，帮助植物结出果实。

石松

石松是一类较为原始的植物。几百万年以前，这些植物长得跟树一样高，可所有现存的石松都很小。它们的叶子构造简单，但坚硬、狭窄。

地钱

地球的表面最初贫瘠而多石，地钱是那时最先出现的绿色植物之一。它们没有根，没有叶，也没有茎，大多在湿润环境的地面上匍匐生长。

多年的生长，
可使每株地钱的直径扩大到几米。

地钱

如果穿越回4.7亿年前的地球，你会发现陆地上没有任何动物：没有恐龙，没有哺乳动物，甚至连昆虫也没有。不过，你倒是能看到植物——鲜绿鲜绿的地钱！地钱是较原始、较简单的植物，它们没有根，没有脉，没有茎，也没有花。由于没有茎，所以地钱长不高，很多屈身在潮湿阴暗的地方，匍匐于土壤或岩石之上。

地钱有时会长出类似小伞的结构。不过，这些东西可不是用来挡雨的，而是帮助地钱制造孢子的器官。孢子是类似种子的微粒，可以发育成新的地钱。除了散播孢子，地钱也可以直接从表面杯子状的胞芽杯里，长出迷你版的自己。

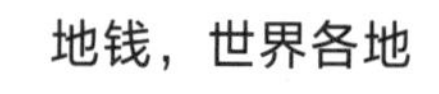
地钱，世界各地

卷柏

炽热的沙漠里落下点点雨滴，不久之后它们变成了瓢泼大雨。随着蜷缩成团、干不溜秋的枯叶沾上雨水，奇迹发生了：原本枯死的植物竟然活了过来，叶子由卷变直，越来越伸展，也变绿了！

这种独特的蕨类植物名叫鳞叶卷柏，属于古老的卷柏科植物，也是恐龙的一种食物。地表过于干燥时，鳞叶卷柏会卷起叶子，进入假死状态。不过，只要在恢复湿润的环境下待上一段时间，它们就会完好如初了。想知道它们为什么不会死吗？其中一个秘诀就在于，它们的叶子就算弯曲卷起也不会折断。

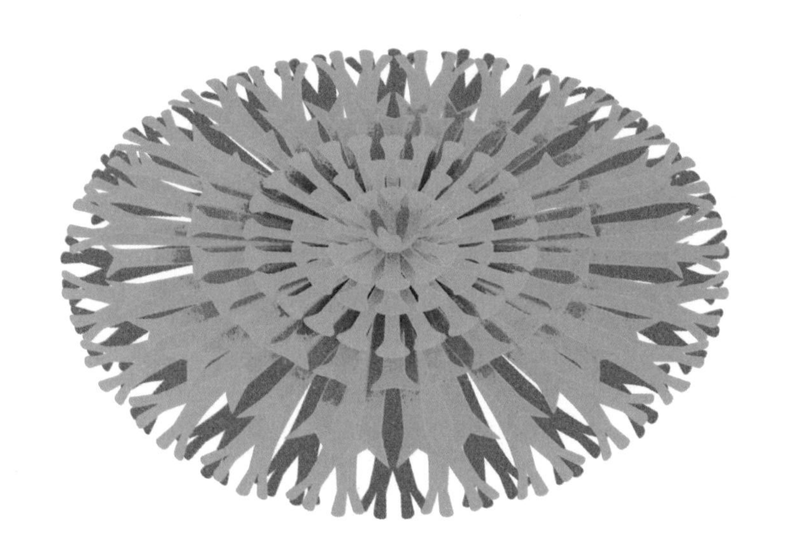

鳞叶卷柏哪怕失去了95%的水分也能存活，
而且可以保持枯草团的状态好几年。

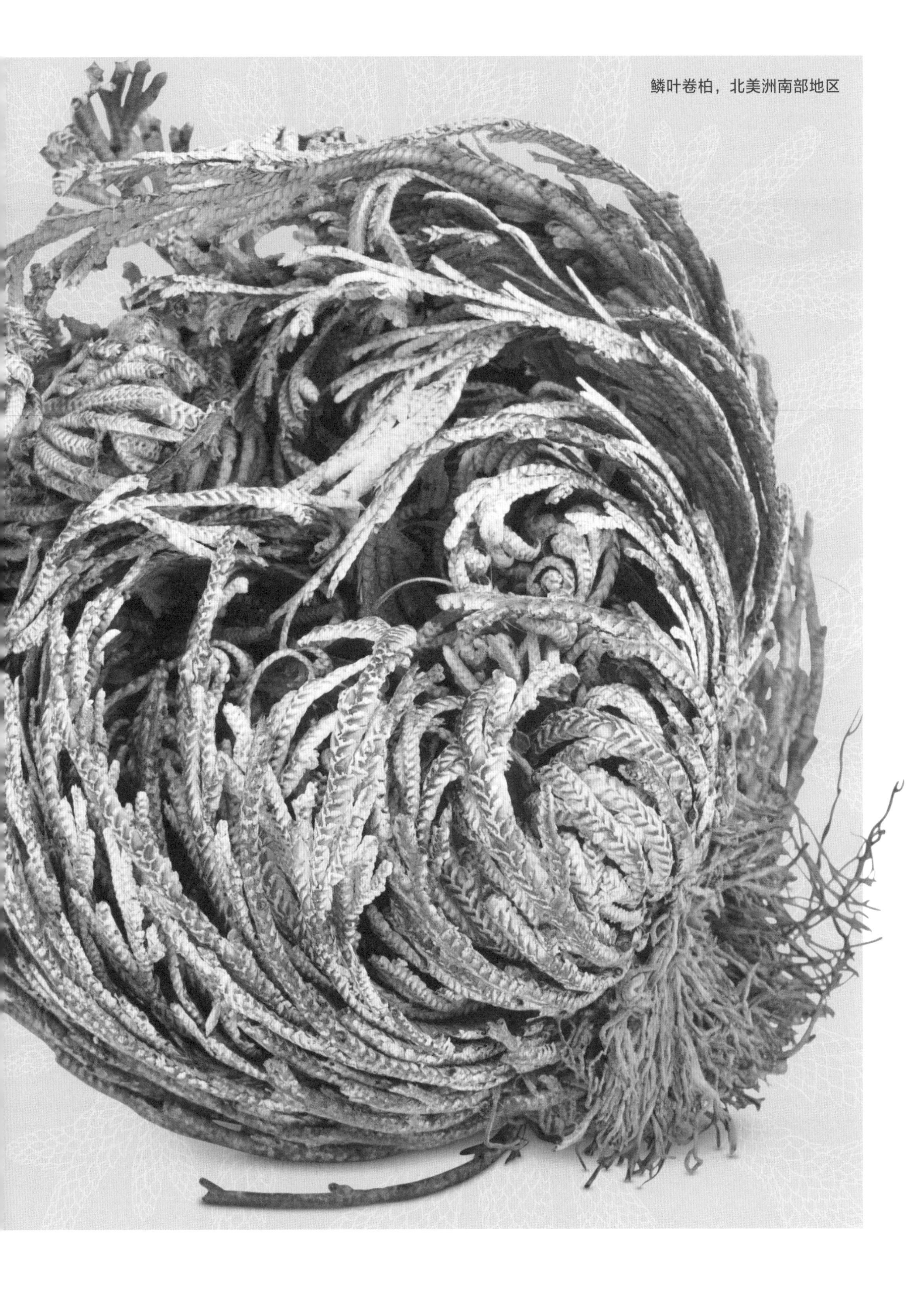
鳞叶卷柏，北美洲南部地区

蚌壳蕨，热带地区

蕨

我们今天看到的大多数植物在恐龙时代都还没出现，那么植食性恐龙每餐都吃什么呢？答案是蕨类植物！蕨类植物不仅是史前菜单上的常驻菜品，如今仍然可见于全世界阴暗潮湿的地方，尤其是森林的地面上。

蕨类植物很容易辨认，因为它们大多长着羽毛状的叶片，这些叶子起初大都紧紧缩成小卷，后来才伸展成长长的。有的蕨类植物长在自己老根形成的“树干”上。这类树蕨可以长得很高，比如蚌壳蕨就能长得跟长颈鹿一样高。有的种类的蕨则长在树的高处，以便在茂密的森林里更好地接收阳光。

煤是古代的蕨类及其他史前植物，
在几百万年的漫长岁月里，
在地下逐渐被挤压变成的矿石。

银杏

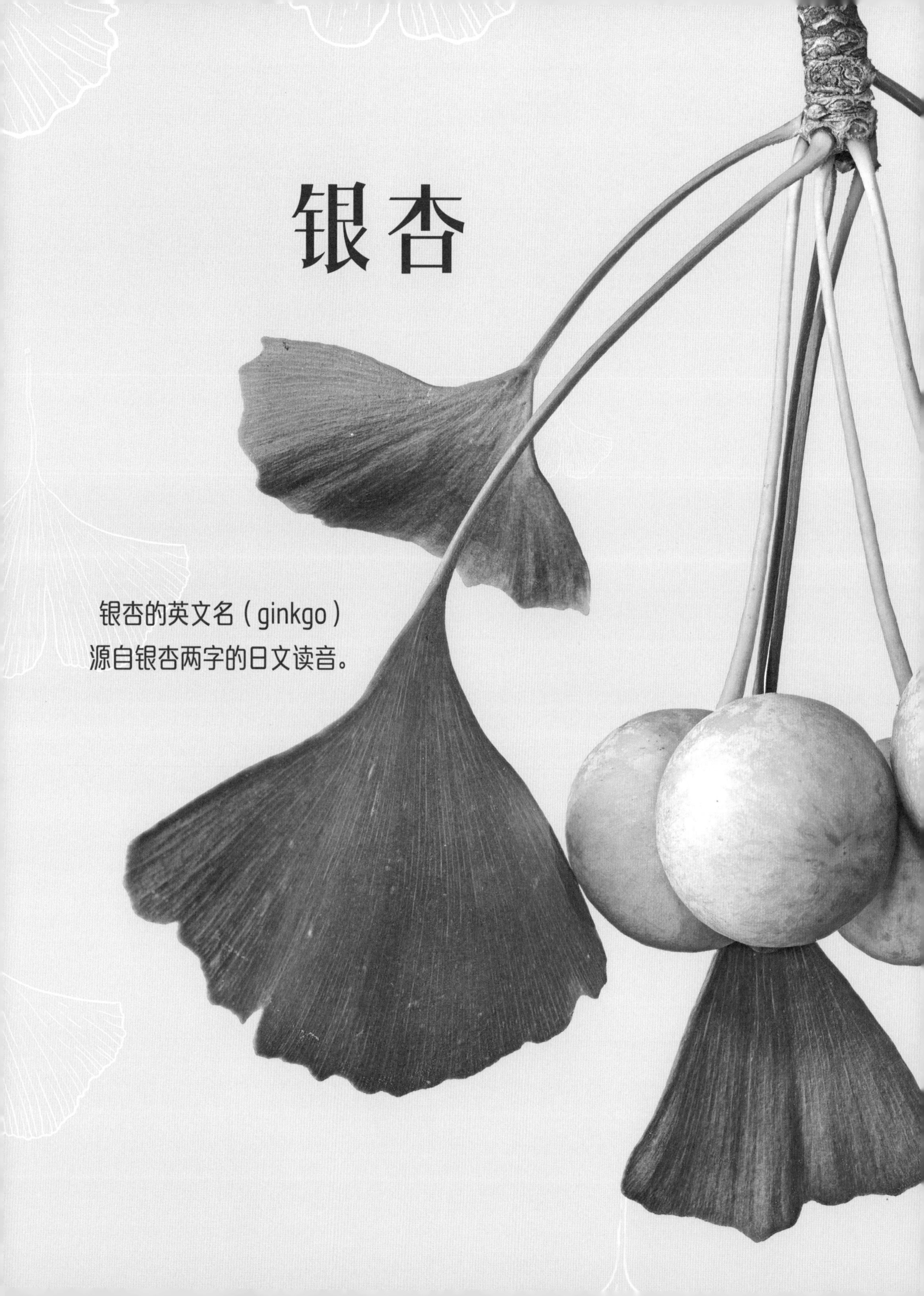

银杏的英文名（ginkgo）
源自银杏两字的日文读音。

两亿多年以前，大地曾经被广阔的银杏林覆盖。如今，全世界只剩下中国的小片区域还有野生银杏了。银杏虽然历史悠久，但它们在漫长的岁月里却几乎没有变化，难怪人们把它们称为活化石。银杏叶是扇形的，与地球上任何现存植物的叶子都不同，在秋季脱落之时，它们会变成金黄色。

银杏非同寻常——它们有性别之分，而且没有真正的花，雄株直接把花粉释放到空气中，雌株则用黏糊糊的胚珠来捕捉花粉。雌株结出的果实成熟后很难闻，不知情的人估计还以为闻到了呕吐物！

银杏，中国地区

巨杉

鹤立鸡群的巨杉是你在森林中绝对不会错过的奇观。这些树中巨人是天然的摩天大楼。现存最高的巨杉有近 100 米高。在美国，某些红杉的树身甚至被人凿出了隧道，好让车辆通行！

巨杉又被称作巨型红杉，这是因为它们拥有锈红色的树皮。这种树皮不仅厚实，而且松软多孔，有助于保护巨杉免遭森林火灾的伤害。巨杉长着细针状的叶子和充满裸露种子的球果，属于针叶树。尽管它们体形巨大，但它们的球果直径大约只有 5 厘米。

有些巨杉的树龄高达 3500 岁。可以说，它们在古埃及统治者称为"法老"时（约前 1504 年）就生根了。

巨杉，北美洲西部地区

睡莲

垫子似的睡莲叶浮在水面上，形成了一座座方便青蛙和昆虫歇息的小岛。在水面下方，这些垫子则被船锚一样的粗茎固定在泥泞的淤泥中。有一种叫亚马孙王莲的睡莲，拥有直径约 2.5 米的宽大叶片，茎上还有满身尖刺保护它们免受饥饿的鱼啃咬。

单株亚马孙王莲开一朵美丽的花，实际上那是一座由花瓣组成的监狱！第一天，白色的莲花散发出类似菠萝的香气，吸引甲虫爬进其中，然后花瓣闭合，让它们整夜困在里面，身上沾满花粉。第二天，莲花会变成粉红色，然后放出甲虫，让它们带着自己的花粉拜访另一朵睡莲。

亚马孙王莲，
南美洲北部地区

一株亚马孙王莲能长出 50 片巨大的叶子。

木兰的英文名字（magnolias）源自法国科学家
皮埃尔·马格诺（Pierre Magnol）的姓氏。
这位科学家为植物分类法的发展做出了贡献。

木兰

木兰是地球上最早出现的花之一。古老的木兰树用巨大的花朵来吸引甲虫。甲虫虽然是有用的传粉者，可是这些有点儿重的昆虫笨手笨脚，容易碰坏花瓣，所以木兰的花瓣必须长得足够厚实才行。

有些种类的木兰会在秋天落叶，它们的花蕾披着毛茸茸的“外套”，外套可以在冬天帮它们保暖。冬去春来，这些品种的木兰会在新叶长出来之前就开花。有些种类的木兰则是全年常青。例如，广玉兰便是常绿乔木，它们开出的大白花直径可以达到 30 厘米！广玉兰的果实毛茸茸的，看起来像外星生物，但果实里面鲜红色的种子对鸟和松鼠来说可是美食。

广玉兰果实，
北美洲东南部地区

百合

说起世界上令人印象最深的花有哪些，大多少不了百合。它们甜美的芬芳可以让满室飘香。卷丹是百合的一个品种，因为橙色的花瓣上点缀着黑色斑点，所以又被称作虎皮百合。冬天几乎看不到野生百合，因为在寒冷的月份，它们的枝叶枯萎，只剩地下洋葱似的鳞茎。每个鳞茎都存满了营养，当天气回暖后，百合便能利用这些养分重新长出地面。

在每朵百合花的中央，你都会看到一些像小香肠串似的东西。它们的表面覆盖着棕色的花粉，昆虫一接触就会沾上，之后再飞到别处活动时，便会在无意间起到传粉的作用。花粉就是以这种方式从一朵花传播到另一朵，从而产生种子的。

卷丹的珠芽长在茎叶腋部，它们可以发育成新的卷丹。

卷丹，亚洲地区

兰花

这株植物，可能会让你多看几眼。实际上，这不是一只凌空飞起的鸭子，而是一朵兰花，名叫飞鸭兰！世界各地总共有两万多种兰花，其中许多都长得奇形怪状。有的看起来像猴脸，有的看起来像白鸽、毛茸茸的蜜蜂、亮闪闪的苍蝇，还有的甚至像拖鞋！

某些兰花气味浓郁，但好不好闻就不一定了。它们的气味既能让人联想到橙子、香草和巧克力，也有可能让人误会成尿味。大彗星兰的气味在夜间最强烈，好去吸引一种“舌头”长达 30 厘米的特殊飞蛾。这种兰花的花蜜藏在一根根“长管”的末端，所以舌头太短根本够不着！

兰花的种子像灰尘一样小，但是数量庞大。每个蒴果最高可含 400 万个种子！

飞鸭兰，澳大利亚地区

鸢尾

鸢尾拥有鲜艳多彩的大花瓣，是人气很高的花卉品种。它们有的像水仙和郁金香那样从鳞茎里长出来，也有的由肥厚的地下茎发育而成。艳丽的鸢尾花有红色的、橙色的、黄色的、蓝色的，也有紫色的。许多鸢尾花的花瓣上，都有指向花朵中心的线条或成行的小点。这是为昆虫准备的着陆指示，就像机场的跑道灯一样，把昆虫引向甜美的花蜜。

鸢尾的英文名（iris）源自古希腊神话中的彩虹女神伊里丝（Iris）。这位女神还是其他众神的信使，据说她飞得像风一样快。

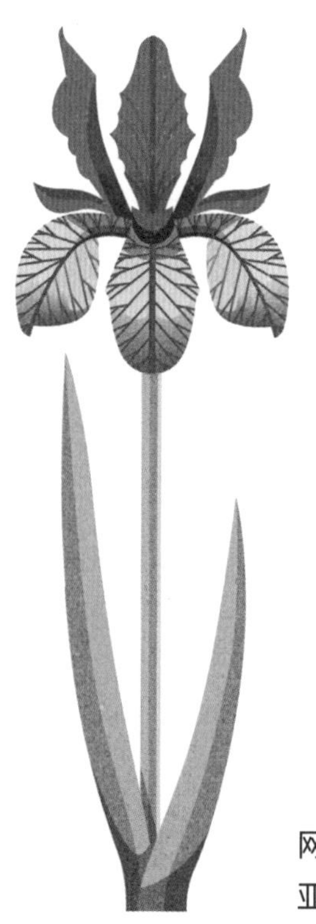

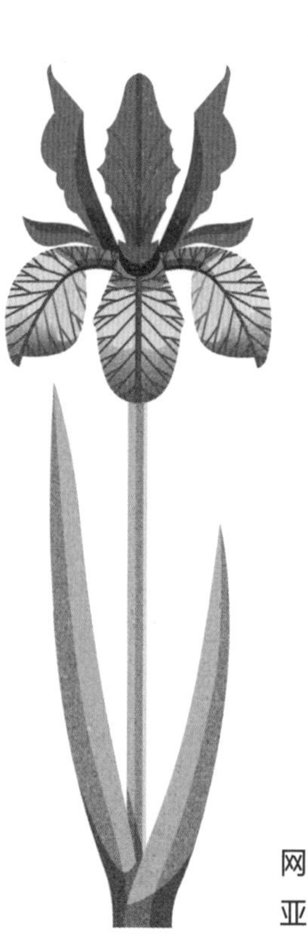

网脉鸢尾，
亚洲西部地区

网脉鸢尾只有约 15 厘米高，
而蓝色鸢尾却能长得和小马一样高。

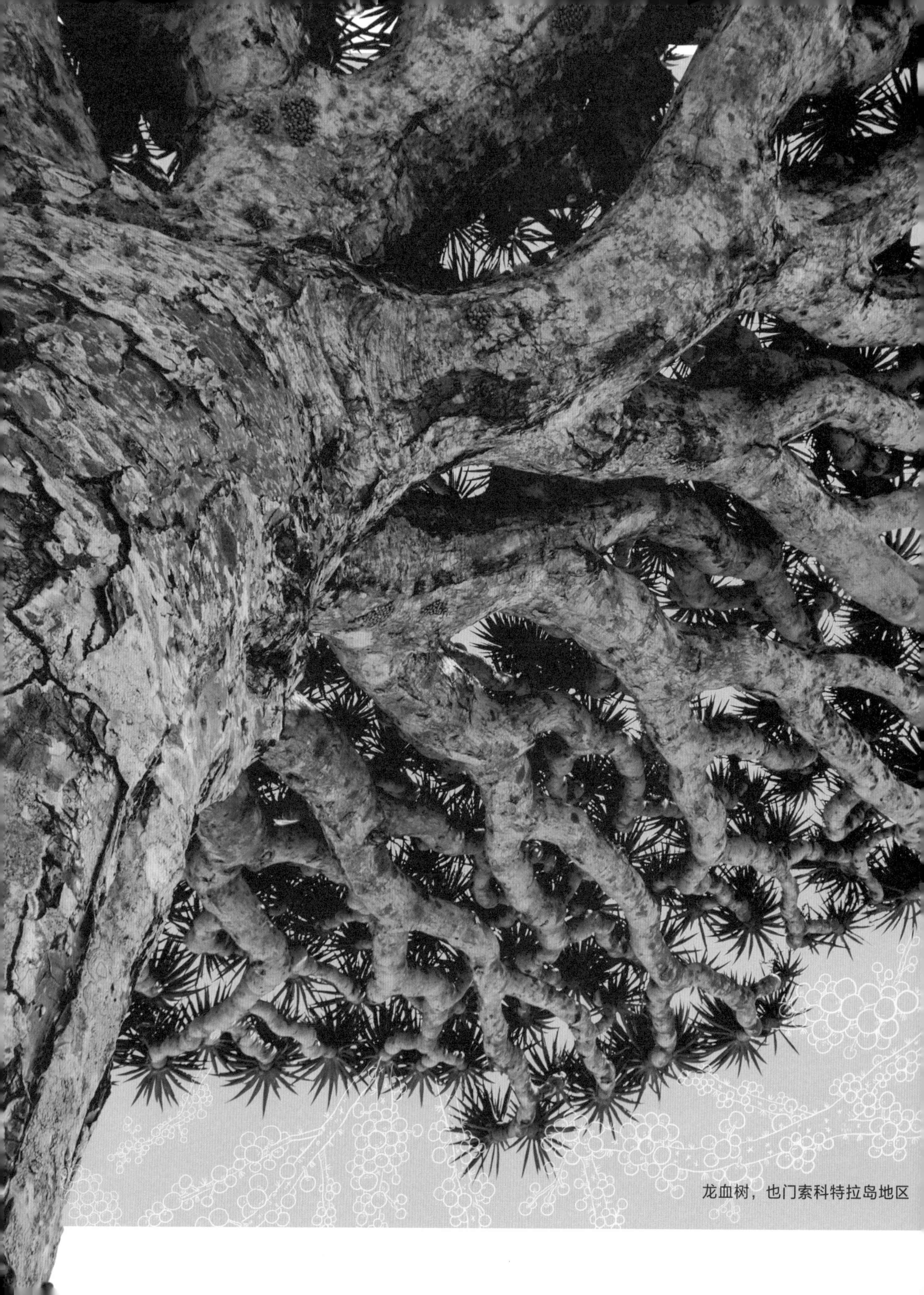
龙血树，也门索科特拉岛地区

龙血树

非洲以东湛蓝的大海中有一座荒岛，那里生活着一种会流“血”的树！如果你切开它们的树皮，一种奇怪的红色液体就会流出来。不过，那倒并不是血，而是树脂，具有保护树皮伤口的作用。很久以前，来到岛上的商人以为这是某种魔法变出来的。人们开始收集树上流出的血，并把它晒干，作为药剂或红色染料出售和使用。时至今日，亦是如此。

索科特拉岛上流传着一个关于龙象大战的传说。据说打斗时，龙流出的血洒到哪里，龙血树就在哪里长出来。

龙血树看起来就像被风吹得外翻的雨伞。
它们上翘的树枝可以捕捉海雾中的水分。

椰子树

无论怎样，千万不要坐在椰子树下面！为什么？因为椰子从树上掉下来时，简直和炮弹毫无分别！成熟的椰子壳下厚实多毛的“护套”，能让椰子在水里漂浮起来。假如一颗椰子滚到了海里，它可以悠然地随波荡漾，等到被冲上海滩后，再用自己储存的养分，比如“椰汁”，长成一棵新的椰子树。

微微弯曲的椰子树，总是能让我们在脑海中勾勒出热带海滩阳光明媚的画面，可是椰子树的生活却并不总是那么轻松惬意的。雷暴来袭时，这些树往往会被风雨狂轰乱打。幸运的是，它们流苏状的叶子对风不会形成太大的阻力，柔韧的树干也不太容易折断。

椰子壳很难打开，

可是这对椰子蟹的巨螯来说不过是小菜一碟。

椰子，
太平洋和印度洋沿岸地区

旅人蕉

长久以来，旅人蕉一直让人摸不着头脑：为什么它们要把花藏在坚硬的外壳里，为什么它们的种子是亮蓝色的呢？后来，科学家们看见狐猴破壳偷吃它们的花蜜，这才恍然大悟。狐猴的皮毛在这个过程中会沾上花粉，之后它们在树木之间活动时，就会无意中替旅人蕉传播花粉。而且，狐猴还会吃旅人蕉的种子，再通过排便帮它们传播种子。而旅人蕉的种子之所以长成显眼的蓝色，正是为了方便狐猴寻找。这么看来，旅人蕉和狐猴其实是在互相帮助。

有的旅人蕉的叶子一个接一个地重叠在一起，组成了一把巨大的扇子。随着树木生长，底部的叶子逐渐脱落，这把扇子的扇面也跟着慢慢上移。

旅人蕉的叶子与茎相交的基部，叫做叶鞘。
旅行者缺水时可以钻开这里，取水饮用。

旅人蕉，
马达加斯加地区

某些种类的凤梨不需要在树上寄居，
哪怕在电线这样的人造结构上也能活得有声有色。

凤梨

在热带雨林里，你会发现树上竟然有一座又一座小花园。这些花园里的“花”，其实都是栖息在树干和树枝上的凤梨科植物。它们蜡质的叶子组成了花形的杯子，颜色可能是鲜绿色、粉红色，也可能是黄色。凤梨科植物真正的花其实很小，而且长在“花杯”的正中央。

为什么有的凤梨没有土壤也能存活呢？因为热带森林里雨水很多，植物可以直接从空气中获取所需的水分。雨水甚至会滴到它们的叶子中间，形成小池塘。这些位于树上的小池塘是小蝌蚪，以及雨林小螃蟹的家。

凤梨，巴西地区

如果你把莎草的茎剪开看，
就会发现它们的横截面通常不是圆形的，而是三角形的。

莎草

有些植物对我们如此重要，以至于影响了人类的历史。莎草便是其中之一。这种长得像草的植物属于莎草科，它们的顶端毛茸茸的，看起来像绒球。莎草喜欢让根部保持湿润，所以一般生长在沼泽里或河岸边。在这种环境下，它们可以尽情生长到大象那么高。

莎草的茎含有强韧的纤维。5000 年前左右，古埃及人想出了利用它们的方法，开始用莎草制作船只、篮子、绳子和草鞋等。其中最重要的是，他们还把莎草变成了一种纸张——莎草纸。利用这项发明，古埃及人记录下了各种重要的信息，比如医学和数学知识。为后人的研究提供了重要的历史依据。

莎草，非洲地区

世界上最高的竹子
可以长到十层楼那么高。

竹

竹子是一种中期生长节奏快的植物。更确切地说，它们是地球上中期生长最快的植物。有些种类的竹子甚至可以一天长高一米！你可能会觉得奇怪，但有的竹子其实是一种草，只不过它的茎是坚硬的、木质化的。大多数种类的竹子都生长在潮湿的森林或山区。

众所周知，竹子是大熊猫的主食。不过，由于它们既结实又轻便，可以作为原材料。所以，我们也把它们当成农作物来种植。从乐器到建筑，人们用竹子制作各种各样的东西，这已经有几千年的历史了。竹纤维还可以用来制作冲麦片的专用碗、牙刷柄，或者编织成面料，进而制作舒适的袜子和内裤！

毛竹，中国地区

藿香叶绿绒蒿
（喜马拉雅蓝罂粟），
东亚地区
罂粟果晒干后称为鸦片，
鸦片有一定的镇痛作用，
但多用会上瘾。
火罂粟，
北美洲南部地区
虞美人，
非洲北部、
欧洲和亚洲地区
高山罂粟，
欧洲中部地区

罂粟花

罂粟花可以把整片田野变成红色的，它们鲜艳又单薄如纸的花瓣，在有些地方的草地上随处可见。不过，并非所有罂粟科植物的花都是红色的，也有一些是黄色、蓝色、橙色、紫色或白色的。袖珍的北极罂粟，是少数几种可以在北极地区生长的植物之一。在北极单调的冰天雪地里，这种黄油色的小花构成一抹难得的色彩。

有的罂粟花在花期过后会干缩成脆脆的“球”，也就是蒴果，里面充满了种子，稍一摇晃就沙沙作响。刮风的时候，这些种子会飞出来，撒落在土里。之后，它们会等到条件成熟时再发芽。罂粟的种子往往会因挖掘而被带到土壤表面，所以罂粟花经常开在建筑工地和新修的道路旁。

普通罂粟，
欧洲南部地区

北极罂粟，
北极地区

西欧绿绒蒿
（威尔士罂粟），
欧洲西部地区

帝王花，南非地

山龙眼

帝王花所需的水分
有不少是从雾气中吸收的！

南非地区的灌木丛很容易被星火燎原。在野火多见的环境下，山龙眼科植物不得不进化出特殊的生存技巧：有的把种子藏在“防火箱”里，比如帝王花，就靠在安全的地下预留的种子生根发芽。就算灌木丛被烧得一片焦黑，它们也能在火灭之后重新生长。

山龙眼科植物很多生长在南非地区，它的英文名字（protea）源于古希腊神话中的海神普罗透斯（Proteus）。就像这位海神可以把身体变成各种不同的形态一样，山龙眼科植物令人眼花缭乱的花朵，也有许多不同的形状和颜色。

长生草

过去的人们相信长生草可以防雷，
所以把它们种在屋顶上！

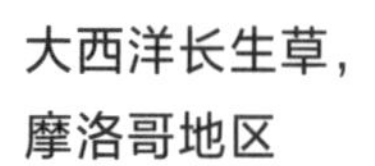

大西洋长生草，
摩洛哥地区

石莲花，
欧洲地区

蛛丝卷绢，欧洲地区

羊绒草莓，
欧洲地区

观音莲，
非洲北部、欧洲和亚洲西部地区

夕山樱，
欧洲地区

长生草的英文俗名（houseleek）直译过来叫韭菜。虽说这些植物并不是我们吃的韭菜，但是你确实可以在寻常人家看到它们，比如窗台上的花盆或者温暖的花园里。而长生草的原生栖息地其实是多石的山区，它们由于容易种植，生命力不可置信地顽强，而且被相信可以防雷等，所以才成了大受欢迎的家养植物。长生草属于多肉植物，也称多浆植物，这类植物都长着肥厚而多汁的叶片。它们的家乡干燥而多石，这让它们养成了用叶片储存水分的习惯，所以你几乎不用给它们浇水！

有时，长生草也被称作母鸡带小鸡，这个名字十分形象地概括了长生草的生长方式：它们在长长的茎上长出自己的微型复制版，这些子株就像小鸡，中间的母株就像母鸡。

金合欢

当心！ 这些刺不但异常锋利，而且个个都和一根香蕉差不多长！它们保护着金合欢树的叶子，防止饥肠辘辘的动物肆意啃食。不过，长颈鹿倒是可以吃到棘刺周围的叶子。某些金合欢树还有另一道防线：每根刺都有一个粗大的根基，里面住着咬人的蚂蚁。谁敢吃这些树，就等着愤怒的蚁群伺候吧！

除了上面这些，金合欢树还有秘密武器，那就是互相报信！一棵金合欢树遭到攻击后，会向空气中释放化学物质，警告周围的同伴。接着，它和它的同伴们都会迅速地把所有的叶子注满苦味的化学物质，以让不速之客尝了一口之后就不想再尝第二口。

除了舌头长，长颈鹿舌头和嘴唇上的皮肤还特别厚，不怕被金合欢刺扎。

塞伊尔相思树，
非洲和亚洲西部地区

玫瑰

盛开的玫瑰花美得令人难以抗拒。在世界范围内，它们都是爱与美的象征。在古代的埃及和罗马，就曾经有人种植玫瑰来制作芳香怡人的玫瑰水。直到今天，保加利亚不但种植玫瑰来生产玫瑰油，每年还会举办盛大的玫瑰节。玫瑰油是制作香水的贵重原料，每萃取一克玫瑰油，就要用掉大约 2000 个花瓣。

野生的玫瑰开着简单的白色或粉红色花朵，其中许多种类都靠长茎攀附于其他植物之上，并且利用倒钩状的尖刺钩住树枝等，获得支撑。园艺师们已经培育出了数千种玫瑰，它们往往拥有华丽的多重花瓣，而且颜色鲜艳丰富，气味芬芳。

犬蔷薇，
非洲北部、欧洲和亚洲西部地区

和玫瑰一样，许多果树也是蔷薇科植物，比如苹果树、樱桃树、梨树、桃树和杏树。

无花果

为了寻找地下深处的水源，
无花果树的根，可能比其他任何树的都钻得更深。

打开一枚无花果，你会看到它的内部充满了鲜嫩多汁的，组成果肉的“小珠子”。其实，你手里拿的并不是单个果，而是包在同一张果皮里的许多果，因此又叫复果。无花果里的每一颗小珠子，都含有一粒由不同的花共同生成的种子。无花果和菠萝的果实都属于复果。

在一颗还没成熟的无花果里，有许多小花在暗中等待着。等什么呢？等一种大约只有两毫米长的小蜂。这种动物的雌性会钻进无花果，把卵安全地产在里面，在爬进爬出的过程中顺便帮花传粉、授粉。之后，一部分小蜂宝宝将赶在无花果成熟前爬出去，没能“逃脱”的则被无花果消化掉！

无花果树，亚洲西部地区

荨麻

哇！一碰刺荨麻，你的皮肤就会变得又红又痒。为什么呢？和许多植物一样，刺荨麻也长着鲜嫩多汁的叶子，为避免被吃掉，它们需要武器来保护自己。刺荨麻身上数不清的刺毛，即螫毛就是它们的武器。一旦碰触到入侵者，刺毛的前端便会脱落，扎进对方机体。断口的刺头不仅像针尖一样锋利，而且还会分泌出能引起疼痛和瘙痒的毒液。

新西兰有一种比成年人还高两倍的巨型荨麻——木荨麻。木荨麻的刺毛很凶狠，甚至可以直接扎死某些动物。有些狡猾的植物故意让自己的叶子看起来酷似木荨麻的。尽管这些冒牌货只是虚有其表，但保险起见，攻击者还是不敢招惹它们！

刺荨麻是许多种毛毛虫的食物。
这些毛毛虫懂得如何避开刺毛，
连刺荨麻也拿它们没办法。

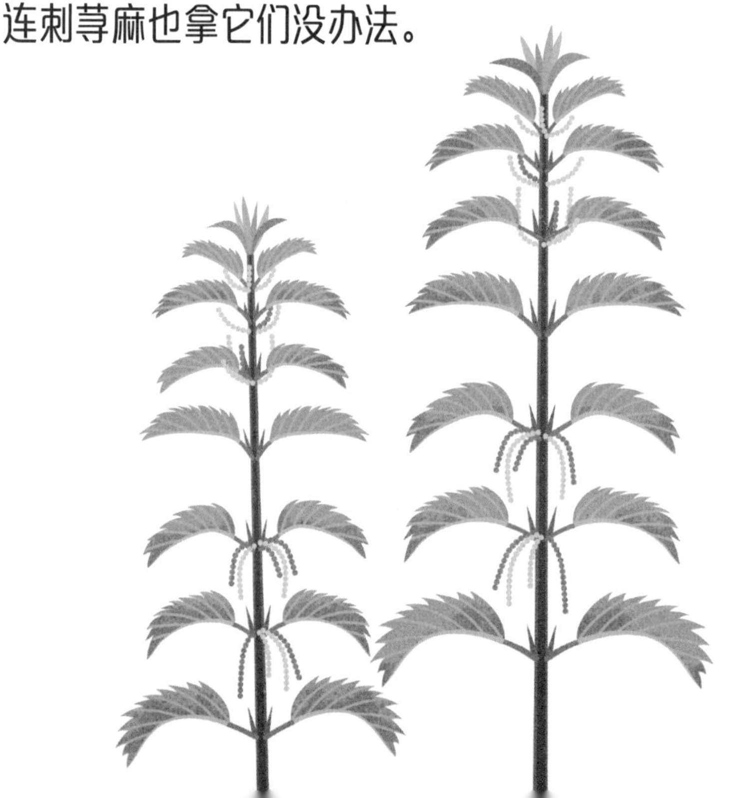

刺荨麻，
非洲北部、欧洲和亚洲地区

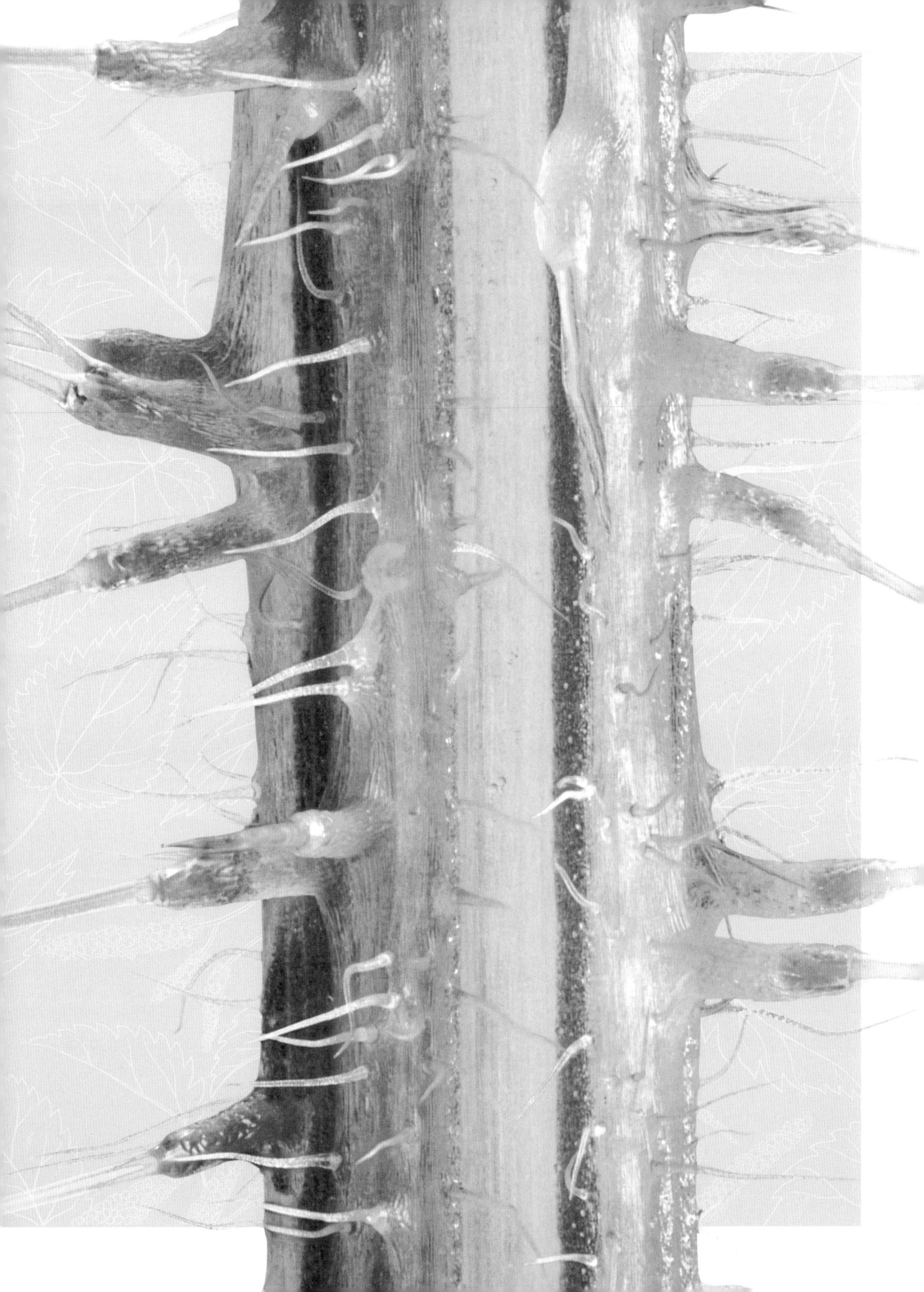

红树

红树，
世界各地的热带潮间带

什么？那棵树是长在海里吗？一般的树可吃不消，因为海水早就让它们脱水而死了！不过，有些红树自有去除盐分的高招——它们的根可以把海水里的盐过滤掉，从而放心地“饮用”海水。此外，红树还会用根来呼吸。

在世界各地炎热地区的潮间带，红树喜欢在厚厚黏黏的泥巴中生长。退潮时，它们看起来就像是踩着高跷。这些“高跷”不是树枝，而是可以让红树在潮涨潮落时站稳身子的木质根。

由于红树根组成的笼子能把个头大的捕食者挡在外面，所以鲨鱼和许多其他鱼有时会把红树林当成育儿所使用。

西番莲

大果西番莲，
南美洲地区

植物之间一直在明争暗斗。为了争取最大的空间和最佳的光照，它们你推我搡，互不相让。只是由于这一切发生得太慢，所以我们才注意不到。有些植物的制胜之道是爬到其他植物的身上，西番莲等藤本植物就是这样做的代表。西番莲时刻都在寻找可以攀附的东西。如果你把监控视频快进播放，就会看到它们把藤伸向另一株植物，然后一圈接一圈地缠绕，以牢牢固定在对方身上。没有东西可以攀附时，它们会把卷须“拧成”电话线的形状。

许多种类的西番莲，比如大果西番莲，都有着令人惊叹的绚丽花瓣和条纹状花边，用来吸引昆虫和鸟类。

许多大型西番莲都是由蜂鸟传粉的。

大王花的生长周期可长达九个月，
但开花时间却只有短短几天。

大王花

通常，芬芳的花香会让人忍不住多闻一会儿，可你要是遇到这种花香，那还是算了吧！多数大王花个体的五片肉质花瓣张开时，会释放出一种酷似死尸味的恶臭——幸好这种花开的时间不长！成团的小苍蝇闻臭而来，然后会带着黏糊糊的花粉飞到别的大王花上，帮它们传粉。对了，大王花的花粉和人的黏鼻涕长得很像……

大王花生长在雨林地区，是地球上最大的单朵花。一朵大王花的直径可长达一米，它 在重量上几乎相当于一只火鸡。这类植物都没有根，而是靠寄生在其他雨林植物的身上，偷吃它们的营养为生。

阿诺德大王花，
东南亚地区

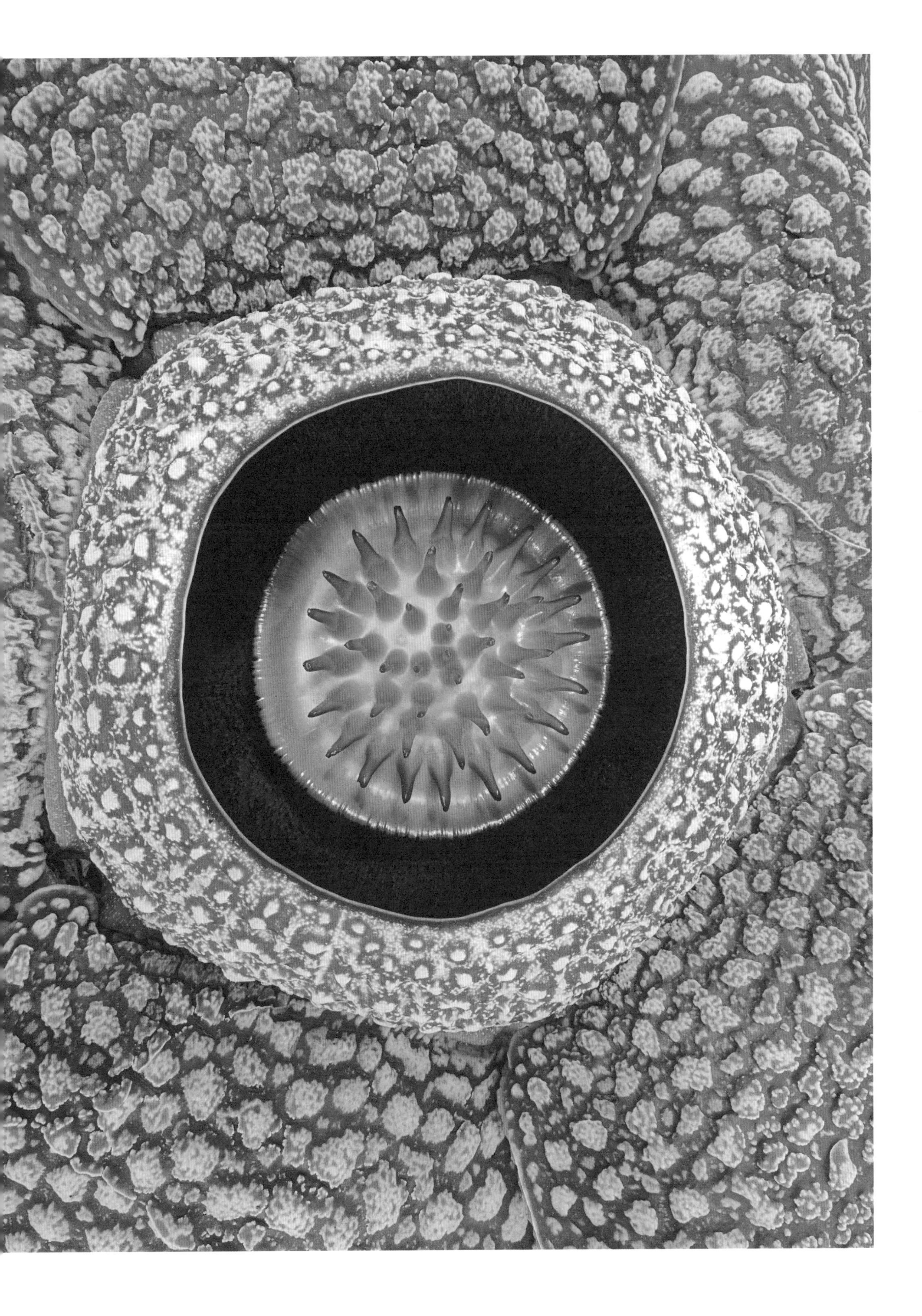

白桉木，
澳大利亚地区

桉树

对许多动物来说，
桉树叶是有毒的，
但考拉却非它们不吃！

澳大利亚是一个巨大的岛屿，那里有许多世界上其他地方都没有的原生植物和动物。桉树是当地常见的景观，它们长长的叶子拥有银亮的光泽，而且非常坚韧。由于这些叶子里充满了气味强烈的油——桉油，所以大多数动物都不吃它们。当弥漫在空气中时，桉油甚至可以在阳光下呈现出蓝色。澳大利亚东部的山脉之所以叫蓝山，正是因为那里被桉树的蓝色油雾笼罩。

桉树的花颜色丰富鲜艳，大多看起来像毛茸茸的流苏。这些花大多会结出杯状的蒴果，里面含有桉树的种子。当蒴果变干，也就是从绿色变成褐色时，里面的种子就会掉出来。

槭树

嗯，麦片粥和煎饼配槭糖浆，味道真不错！一些种类的槭树俗称枫树，加拿大和美国东北部是槭树原生的地方。早春时节，夜间气温还很低的时候，人们把管子插进这些树的树干后，金黄色的树液便流了出来。这就是用来熬制槭糖浆的原料。加拿大是著名的槭树之国，甚至连国旗上也有一片槭树叶。

秋天，槭树叶在掉落之前会改变颜色，甚至会把整座山染成黄色、橙色和红色的。这些让人惊艳的色彩跟胡萝卜、蛋黄，还有樱桃的颜色一样，都是由同样的化学色素形成的。

糖槭树，北美洲地区

人们有时也称槭树的翅果为直升机。
这是因为它们可以像直升机一样旋转着降落到地面上。

猴面包树

格朗迪迪耶猴面包树的花又大又白，但花期很短。

猴面包树是世界上最粗的树。如果在它们树干的中部拉一条绳子测量周长，你会发现有些树的“腰围”几乎长达 50 米——相当于一个标准泳池的长度！猴面包树往往有好几百岁，它们粗大的树干可以储存水分，帮助它们度过降水稀少的旱季。旱季的时候，猴面包树的叶子会掉光，乍一看还以为它们枯死了。

猴面包树还被叫作倒栽树。你能看出原因吗？因为它们顶端的树枝像树根一样粗短盘错，看起来仿佛被某个巨人连根拔起，然后倒过来种回去似的。

格朗迪迪耶猴面包树，
马达加斯加地区

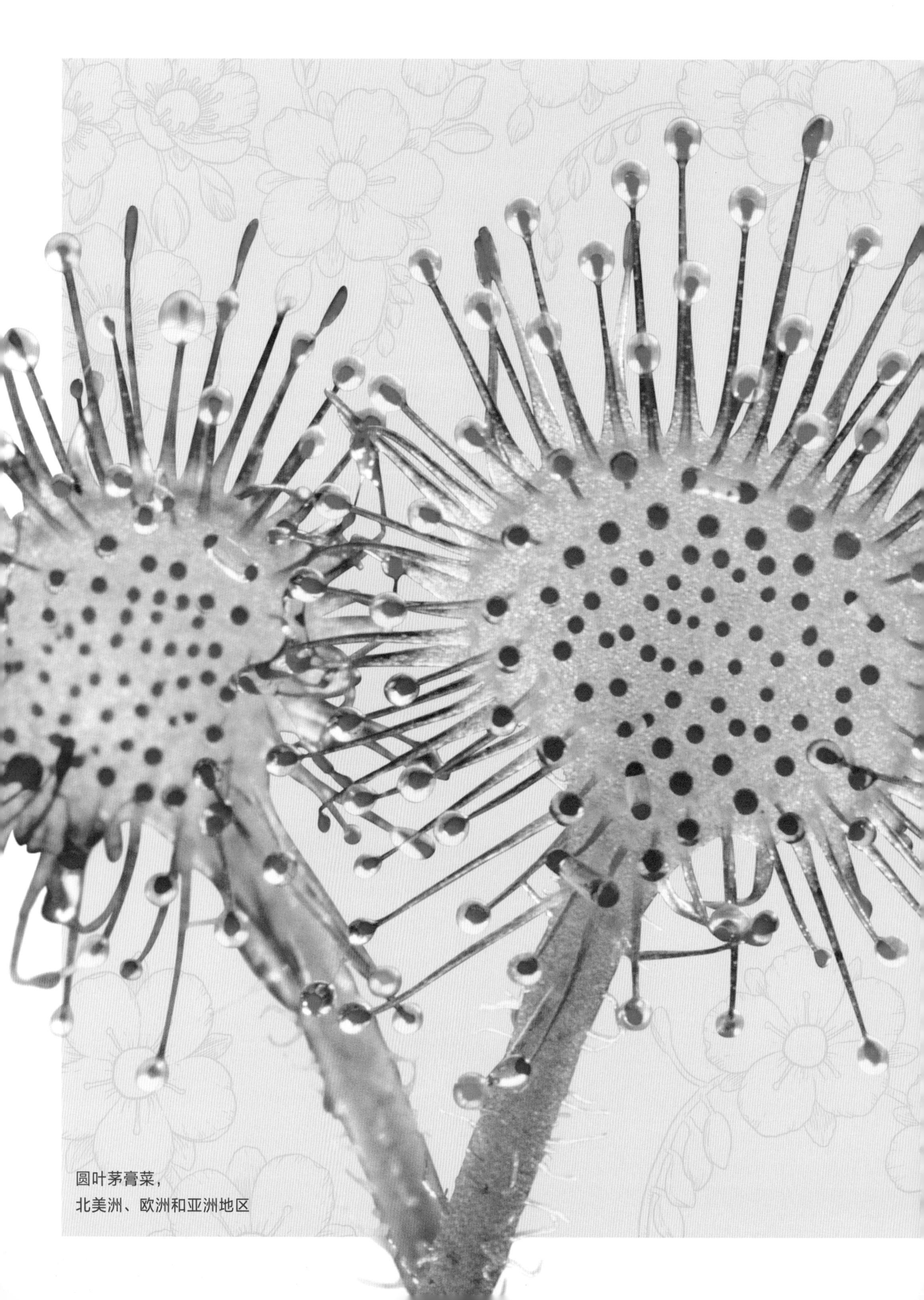
圆叶茅膏菜，
北美洲、欧洲和亚洲地区

茅膏菜利用诱饵来捕食昆虫，
连蜻蜓和蝴蝶这么大的昆虫
也在它们的菜单上。

茅膏菜

蚊子和苍蝇们注意啦！茅膏菜有一个致命的秘密——喜欢吃肉。有些茅膏菜叶子上的“红毛”看起来很漂亮，但它们其实是陷阱。每根毛的末端都有一滴透明的黏液。昆虫落在上面后，才发现这是黏性很强的胶水。可怜的昆虫越是挣扎，就被粘得越牢。等昆虫死后，茅膏菜就卷起自己的叶子，把它们卷进去消化掉。

茅膏菜生长在沼泽里和潮湿的地面上，这种地方的土壤里几乎没有肉质食物。只有通过捕食昆虫，这些食肉植物才能获得它们所需的特别营养。

猪笼草

据说，有一种蝙蝠
竟然把猪笼草当睡袋用！

看到“猪笼”两个字，你大概就能想象到，这种奇怪的植物是长什么样的了。所谓猪笼就是叶子形成的长长囊状体，囊的内部有液体，内壁特别滑。如果昆虫，比如飞蛾，飞到上面去喝笼子口的蜜露，就会滑落进去。猪笼里的液体是致命的池塘，能像我们的胃液一样消化食物。最大的猪笼草足以“吞下”青蛙或老鼠。这些猎物掉进囊中后，会被消化得只剩骨架！

树鼩是一种长得像松鼠的动物，它们喜欢去舔食猪笼草的花蜜，在吃饱喝足后，再把这些囊当厕所用！不过，猪笼草对此倒并不介意，因为树鼩的大便对它们来说是特别的营养！

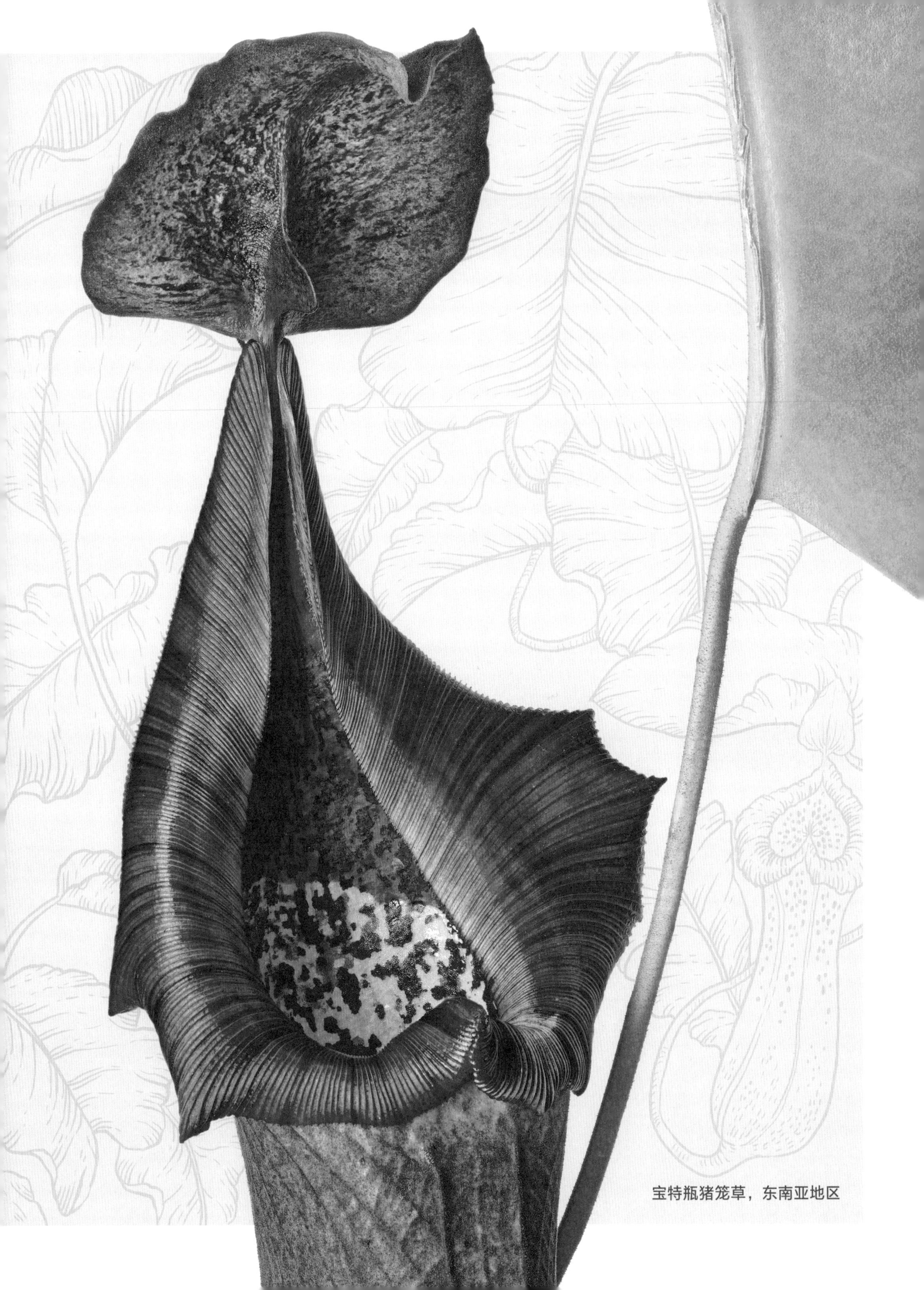

宝特瓶猪笼草，东南亚地区

风滚草

地肤，
欧洲和亚洲地区

如果你是一种植物，想怎么传播自己的种子呢？对于这个所有植物都要面临的问题，风滚草自有一套妙招。它们死后，整个植株都会蜷缩变干，然后连根脱落，形成一个个满是种子的刺球。刮风的时候，刺球会随风在地上四处滚动。刺球滚到哪里，它们的种子就散播到哪里。

地肤是颜色最丰富艳丽的风滚草之一。它们在秋天会从绿色变成水红色的，看起来仿佛在燃烧似的。实际上，在天气炎热的时候，干燥的风滚草团的确是一大火灾隐患，因为它们很容易聚集成堆，而且一沾着火星就会燃烧。

在美国，大风会把风滚草卷成超大的草堆。
它们不但能堵塞道路，甚至还能掩埋房屋！

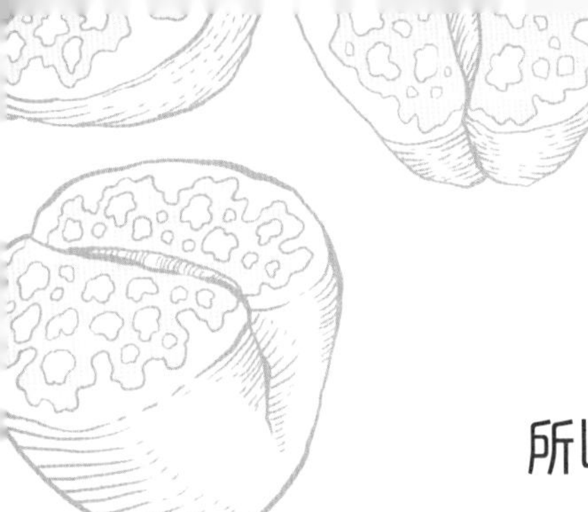

生石花拥有自制的“防晒霜”，
所以它们在沙漠的烈日之下也不会被晒伤。

生石花

怎么回事，石头里竟然长出花来了？其实，那是名叫生石花的沙漠植物。生石花圆圆的叶子看起来酷似鹅卵石，混在石头中间几乎能以假乱真。龟和鸵鸟等沙漠动物常会从旁边径直走过，浑然不知自己错过了一顿美餐。雨过之后，每株生石花会开出一朵类似雏菊的花。只有那时，你才能一眼看出它们的真实身份。

每株生石花只有一对厚实的叶子，它们可以储存水分。不过，我们看到的只是叶子的顶端，其余的部分都藏在地下。为了获得足够的阳光来制造养分，叶子顶部的“窗户”可以让阳光进入它们的内部。

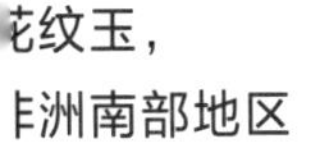

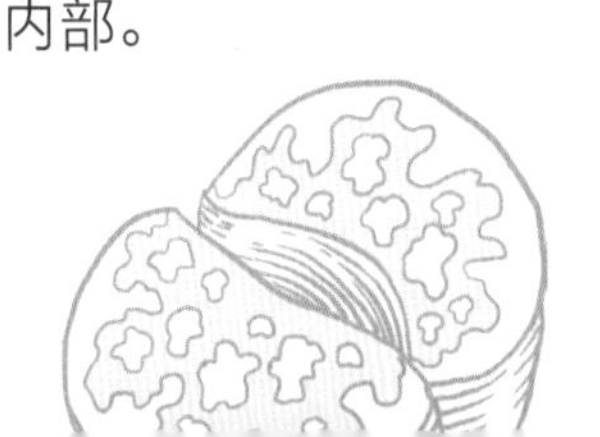

仙人掌

谁要是不小心碰到了仙人掌，那滋味可不好受，因为这些沙漠植物的身上长满了一排排整齐的“尖刺”。这也难怪，它们肉质的茎里储存着水分，必须靠这身扎人的护甲，来防止口渴的动物偷喝。仙人掌的刺其实是特殊的叶子。在烈日下，尤其在沙漠里，这种形状的叶子比又大又扁平的更容易保存水分。此外，仙人掌有棱有沟的表面也能形成阴影，辅助降温。

墨西哥和美国的沙漠里拥有世界上最大的仙人掌——巨柱仙人掌。许多动物的生活都和它们息息相关。蝙蝠在夜里来吃它们的花，啄木鸟在它们身上钻洞筑巢。啄木鸟搬走之后，小巧的姬鸮会住进来，成为新的房客。

巨柱仙人掌
可以长到约 15 米高，
和一辆小轿车差不多重。

巨柱仙人掌，
北美洲南部

水晶兰
北美洲和亚洲地

不要因为水晶兰好看就忍不住去摘。它们一旦被摘下来，就会迅速枯萎变成黑色！

水晶兰

在森林的树荫下和落叶间，你可能会发现这种苍白的植物。它们像纸一样洁白，花瓣像蜡一样光亮，而且几乎是透明的！水晶兰的每根小茎都能长到约 30 厘米高，但只开出一朵幽灵般的花。

大多数植物都从太阳那里获取能量，然后把它转化成养分。这就是光合作用的一部分成果。植物身上绿色的部分就是光合作用发生的地方，也是叶绿素存在的地方。但水晶兰不含叶绿素，无法进行光合作用，那它们是怎么获取营养的呢？答案是从土壤中的真菌那里吸收。

向日葵

你能想象，一颗瓜子竟然能长成一株高大的向日葵吗？向日葵破土而出，直向空中，短短几个月后，它就能长得比两个成年人叠罗汉还要高！向日葵的头状花序，是由金黄色的花瓣和中间深色的圆盘共同组成的。这个圆盘上密密麻麻地排列着大量的小花，其中几乎每一朵之后都会变成一颗种子——瓜子。

野生的向日葵原生在美国和墨西哥的草原上，比花园里的向日葵长得要矮，花序也小一些。早在几千年前，美洲原住民就开始种植向日葵了。它们的种子美味可口，还可以用来榨取食用油。如今，园艺家们正在比赛，看谁培育出的品种个头最高，花朵最大。

向日葵的花序具有向光性，
在一段时间内的白天，
会随着太阳的方位变化而转动。

]日葵，
比美洲、南美洲地区

药用蒲公英，
欧洲和亚洲地区

蒲公英

蒲公英的每个绒球都含有100~150颗毛茸茸的种子。

对园丁来说，蒲公英是杂草；对昆虫来说，蒲公英却是美餐。这些植物能制造蝴蝶、蜜蜂及其他昆虫爱吃的花蜜。所以，要铲除这些在草地上像太阳一样金灿灿的小黄花时，你最好三思而后行呀。

开花之后，蒲公英的每个花盘都会变成一个毛茸茸的绒球，其中的每粒种子都是一个微型降落伞。当风吹过时，轻盈的种子随风飞扬，最后落在土地上，长成一株株新的蒲公英。小孩子喜欢用这些毛茸茸的小东西，玩一个名叫蒲公英时钟的游戏。具体玩法就是，看吹掉绒球上所有的种子需要几口气——吹几下就表示几点钟。

海冬青用埋在地下的粗根储存淡水。

海东青，
欧洲地区

海冬青，又称滨海刺芹，通常喜欢躲在沙丘地带避风。不过，只要看见那蓝色的叶子和紫色的花朵，你一眼就能认出它们来。生活在海边可不是只有诗情画意。咸咸的海风对叶子有害，容易让它们干燥脱水。幸好海冬青拥有强韧的，能够有效锁住水分的蜡质叶片。

海冬青的叶子还有锋利的锯齿状边缘，这可以防止动物啃咬，尤其可以保护紧致的花球。这副有刺有角的模样，还真有点儿让人想起刺冬青呢。不过，海冬青其实跟刺冬青八竿子打不着，而是和胡萝卜同属于伞形科植物。没想到吧?

5. 鸟类

看到羽毛了吗？如果你看到某个动物身上有羽毛，那它十有八九属于鸟类。除了有一身羽毛，它一般还噘着坚硬的喙，能产硬壳的蛋等。鸟大多会飞，但也有些物种已经失去了飞翔的能力，只能在地上走或跑。

6. 哺乳动物

哺乳动物一般全身被毛。哪怕是光溜溜的海洋哺乳动物也仍有一缕缕细小的毛。哺乳动物大多是胎生的，也有少数“奇葩”是卵生的。不过，基本所有的雌性哺乳动物倒是都会给宝宝喂“奶”。

4. 爬行动物

硬硬的鳞片是大多数爬行动物的一大特征。大多数爬行动物是卵生的，但也有一些出生时便是父母的迷你版了。大多数爬行动物不能为自己的身体供热，所以有的要靠晒太阳来保温。

2. 鱼类

鱼类生活在水中，用鳃呼吸。有的喜欢淡水，有的喜欢咸水，极少有在两种环境之间切换的。除了鲨鱼和鳐鱼等拥有粗糙的皮肤，大多数鱼都披着光滑的鳞片，摸起来滑溜溜的。

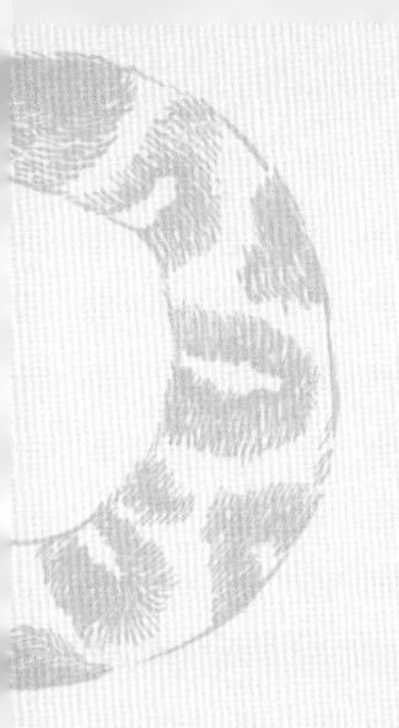

动物

地球上的生物分类系统有很多种，比较通行的是五界系统分类，动物界只是其中之一。虽然我们已知的动物已经超过了100万种，但很可能还有好几百万种在等着我们去发现。动物要把其他的生物作为食物吃才能生存。这些食物可以是动物，也可以是植物；可以是活物，也可以是死物。动物们有的生活在空中，有的生活在水里，有的生活在地上，还有的生活在土壤和植物中，甚至生活在其他动物的身上。本章将从简单的无脊椎动物讲起，最终带你了解很多毛茸茸的、有四条腿的哺乳动物。

3. 两栖动物

两栖动物拥有柔软湿滑的皮肤。它们大多是从产在淡水中的卵里孵出来的，而且在成长过程中有的会完全改变身体的形态。成年后的两栖动物，既可以生活在淡水里，也可以生活在陆地上的潮湿环境中。

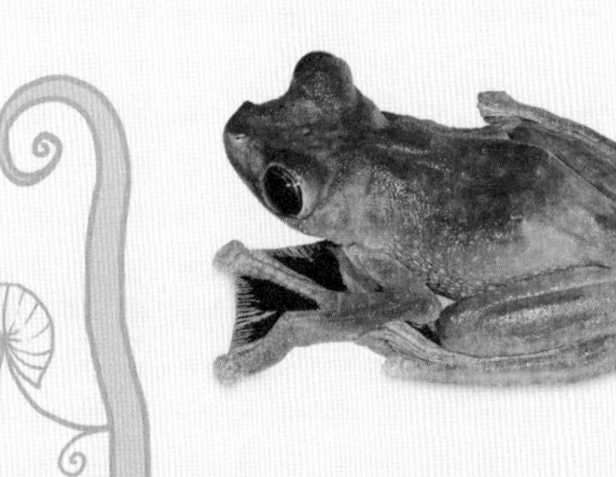

1. 无脊椎动物

如果某个动物没有脊椎，或者说没有脊骨，那它基本就是无脊椎动物。无脊椎动物的成员种类庞大繁多，有管虫、昆虫，蜗牛、蜘蛛、螃蟹、珊瑚，还有许许多多其他的动物。你几乎可以在地球上的任何地方看到它们。

褶纹美丽海绵，
巴哈马群岛地区

海绵

在海底的岩石和沉船上，你可能会看到一些一开始看起来非常奇怪的“植物”，它们有的像管子，有的像气泡膜，有的像手指或果冻……实际上，它们是名叫海绵的低等动物。它们能用身上数不清的“小孔”，把周围的海水吸入体内，滤食水中的浮游生物。由于这些小孔的存在，有的海绵具有良好的液体吸收能力。难怪人们会把某些种类的海绵采上岸后放干，用作打扫卫生或洗澡的工具！

有一类叫玻璃海绵的海绵，又称维纳斯花篮，它们可能已在南极冰层下冰冷刺骨的海水中生存了一万年之久，堪称现存所有地球生物中的老寿星。

海绵的颜色五彩斑斓，
有些海绵甚至能像霓虹灯招牌那样发出荧光！

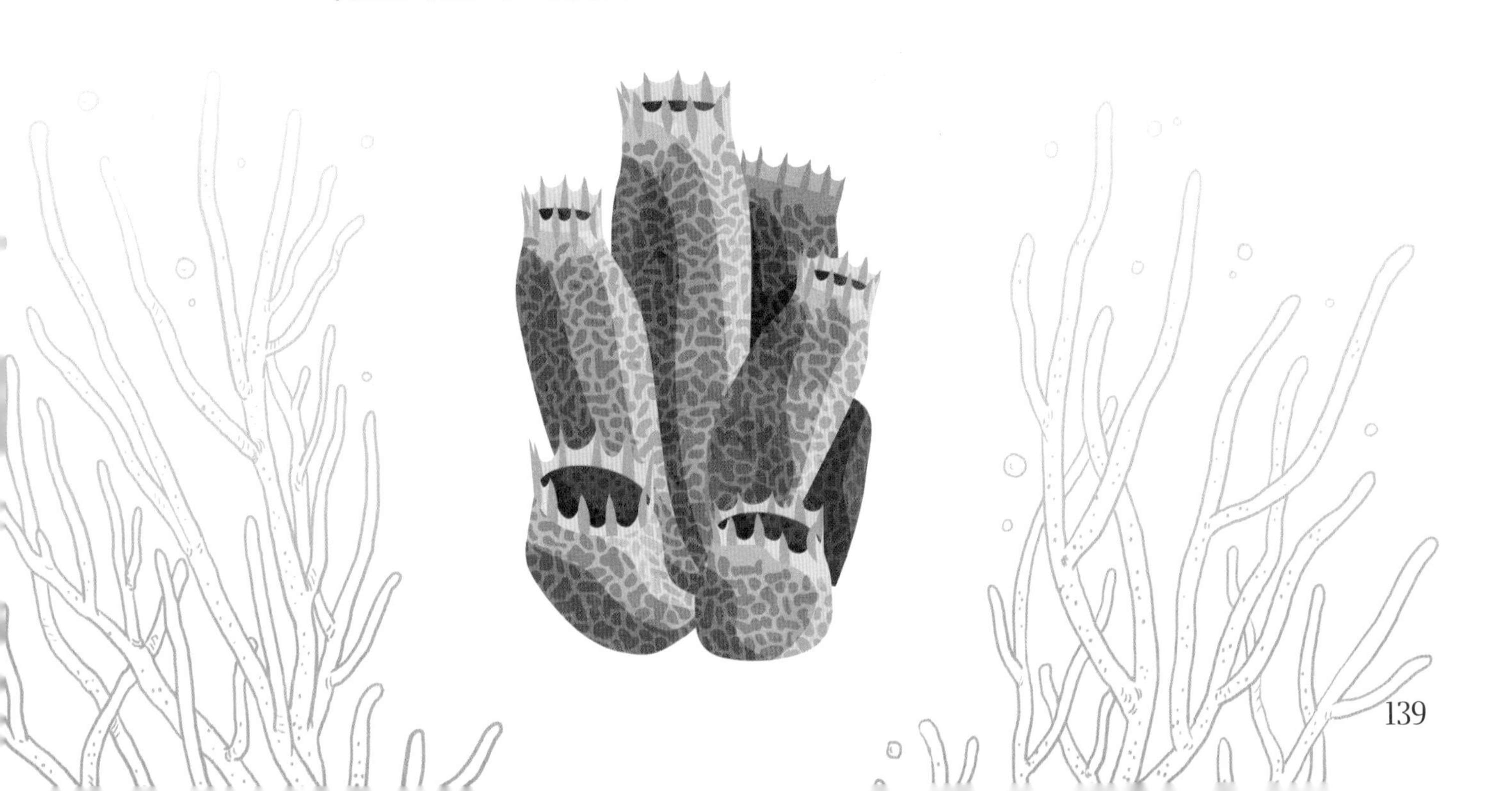

珊瑚虫

这种鲜艳的水下“花朵”并不是植物。它那蓝色的“花瓣”实际上是一种微型动物身上的一部分，这种动物就是珊瑚虫。每一个活着的珊瑚虫，都会在自己的周围建造一个石质的骨架之后形成一个珊瑚。经年累月，种种珊瑚的骨架慢慢地堆积、生长，并且结合到一起，就形成了珊瑚礁。每到晚上，看似没有生命的珊瑚礁都会“活”过来，其中的珊瑚虫会展开带刺的触手，来捕捉其他微生物，并把它们送进“花朵”中央的嘴里。

珊瑚礁的颜色异常丰富，它们是海洋鱼类最常使用的栖息地。如果把在珊瑚礁里出没的所有生物比作一座冰山，那么海星、海绵、章鱼、鳗鱼和螃蟹就只是冰山一角。

澳大利亚的大堡礁是世界上最大的珊瑚礁群，
甚至在外太空都能看见。

僧帽水母，
世界各地的热带海域

僧帽水母死后，
它们的触手依然可以蜇人。

僧帽水母

别摸！ 看起来好像色彩鲜艳的念珠，实际上却是带刺的触手，这是僧帽水母身体的一部分。僧帽水母的触手展开可长达约 30 厘米，其中装满了用来猎杀的毒液。僧帽水母属于管水母。单个管水母是许多异形个体组成的共同体，它们共用一个身体，但每个成员都各司其职：有的负责捕猎，有的负责消化，有的负责让身体漂浮……这些成员没有脑，却懂得通力协作。它们在海上同舟共济，风浪把它们推向哪里，它们就漂到哪里。

扁虫

虎扁虫，
印度洋和太平洋地区

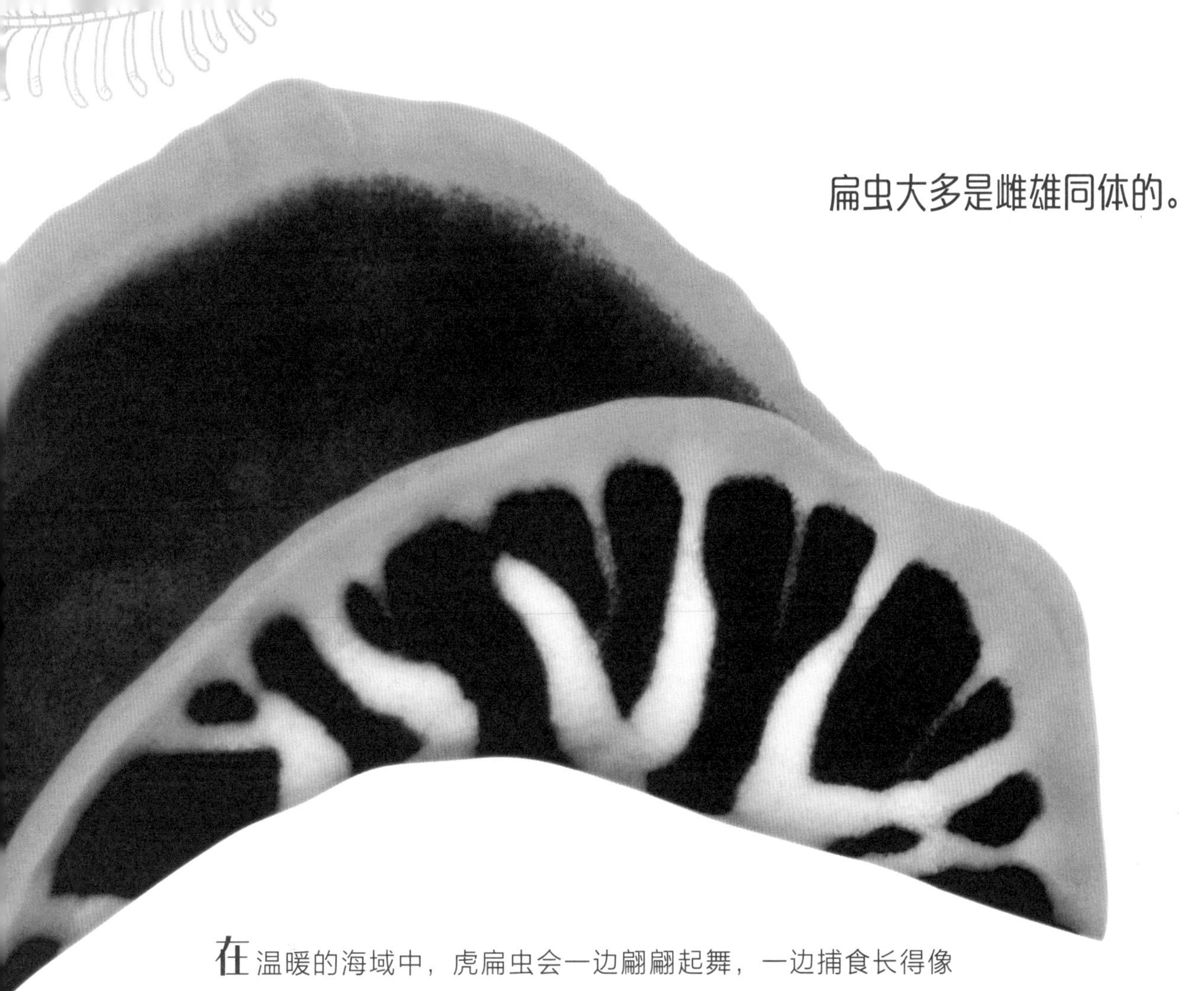

扁虫大多是雌雄同体的。

在温暖的海域中，虎扁虫会一边翩翩起舞，一边捕食长得像管子的海鞘，这是虎扁虫的日常。大多数扁虫都生活在淡水或海洋里，有些种类也会蠕动到热带森林湿润的地表上，还有一些则寄生在更大的动物体内。扁虫娇嫩的皮肤色彩鲜艳，有些甚至薄得近乎透明。

扁虫是构造简单的低等动物，它们没有心和肺，没有血液和眼睛，甚至连正儿八经的嘴巴也没有。个体纤薄的身体上只有一个开口，吃喝拉撒全靠它……不过，简单也有简单的好处，比如某些扁虫就有神奇的生存绝技：如果它们被切成了几段，那么其中的每一段都能重新长成一条新的扁虫！

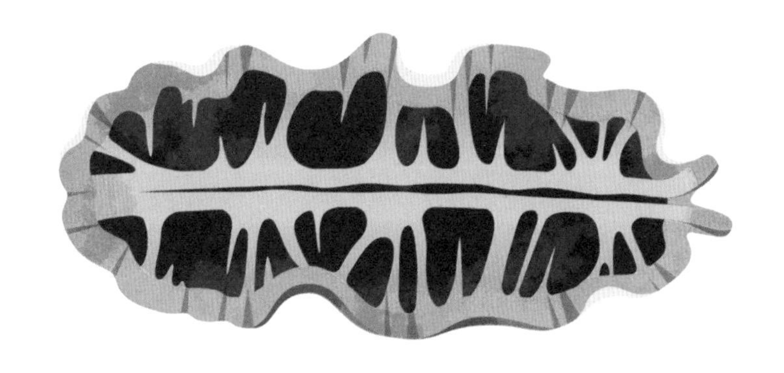

管虫

海洋中的某些地方每天都像过圣诞节似的，因为那里的海床被一片看起来像圣诞树的迷你森林覆盖着。这些“圣诞树”实际上是五颜六色的管虫！所谓树枝则是鳃羽组成的鳃冠，管虫可以用它们来捕捉身边漂过的、零零星星的食物。受到惊吓时，管虫会迅速地把它们的鳃羽缩回去，那时这片森林就消失了。

大旋鳃虫是一种管虫，管虫属于环节动物，环节动物是一个种类众多的生物学类别，它们的身体大多柔软，分成许多小节等。它们几乎无处不在：有的生活在南极的冰层下，有的生活在沸腾的深海火山口上，还有数以万亿计的蚯蚓遍布于地球的土壤中……

体内充满了高压海水的管虫，活像充气的车胎。

大旋鳃虫，
世界各地的热带海域

长砗磲，
印度洋和太平洋地区

砗磲

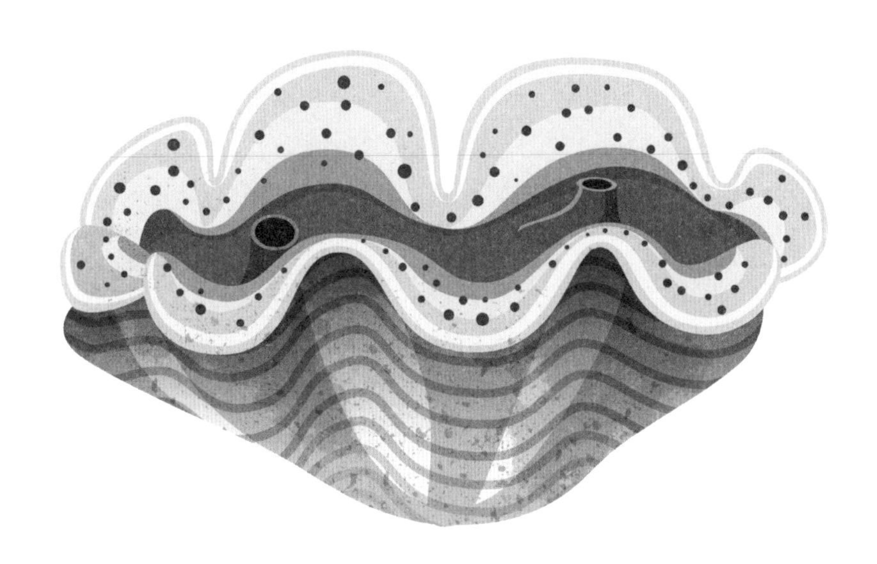

在珊瑚礁的岩缝和洞穴里，你可能会看到蓝色的“大嘴”，那是长砗磲的“嘴巴”。长砗磲虽然可以长到30厘米，但是与其他的砗磲相比，还只能算小不点儿。砗磲是世界上最大的有壳软体动物，它们和欧洲常见的散大蜗牛同属于软体动物门。不过论单个的体重，前者却可以是后者的一万倍！

砗磲和贻贝、扇贝，还有牡蛎是近亲，而且和它们一样拥有可以开合的两瓣硬壳。砗磲在白天把自己带褶边的嘴巴张得大大的，好让阳光照射到贝壳里面。这样一来，生活在其中的海藻就能利用光合作用生产砗磲所需的养分了。

每个砗磲波浪形的“嘴唇”上
都长着好几百只“眼睛”。

蜗牛

每只蜗牛都长着两个“脑”，
不过它们仅是两个脑细胞，非常小。

古巴树蜗牛，古巴东部地区

蜗牛是一种软体动物，为了在遇到危险时第一时间保护自己，它们必须把自己藏身的“房子”，也就是螺旋形的硬壳一直背在身上。非洲大蜗牛和豚鼠大小相当，它们的壳是世界上最大的蜗牛壳。不过，要说什么蜗牛的壳最花哨，那就非古巴树蜗牛莫属了。

蜗牛黏糊糊的“脚”，实际上是一大块肌肉。当脚像波浪一样有节奏地运动时，蜗牛就会被推动着缓慢前进。散大蜗牛大约要花三分钟才能滑过左右这两页纸。为了让自己顺利滑行，蜗牛把将近三分之一的体力用在分泌黏液上面。所以，无论它们经过哪里，都会留下亮晶晶的痕迹。

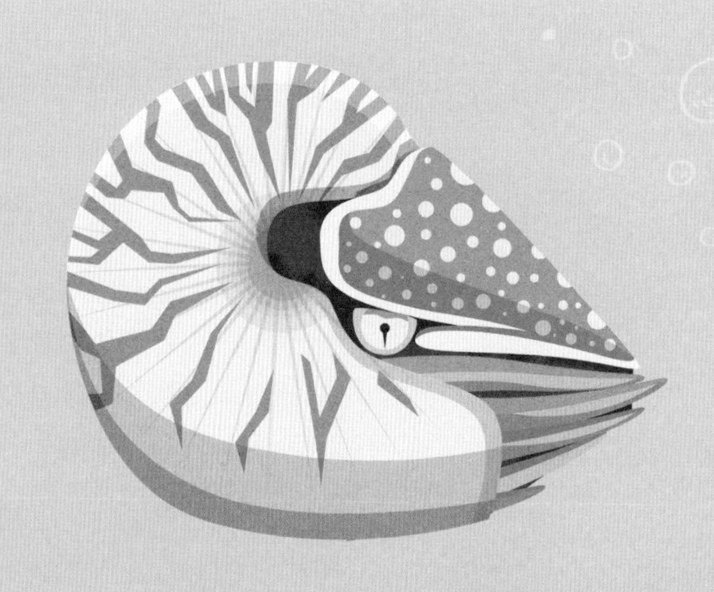

鹦鹉螺

运气好的时候，你可能会看到这种身披条纹外壳的动物在海水中轻快地游动。鹦鹉螺是章鱼的远亲，和章鱼不同的是，它们住在漂亮的壳里。看到那些像面条一样伸在外面的东西了吗？那是它们用来抓取食物的“触手”，在某些种类身上足有 90 根。鹦鹉螺最爱吃虾和蟹，它们的体力消耗得很慢，所以一个月吃一顿就够了。

鹦鹉螺的壳里有一些空腔，通过控制气体和水在其中的进出，它们可以像潜水艇一样下沉或上升。此外，它们还能让嘴巴附近的特殊管子串管，轻轻地循环缩放，以利用从中喷出的水流来移动。由于鹦鹉螺通常是壳朝前倒着游的，所以它们看不见前进的方向，只能撞到哪里是哪里！

珍珠鹦鹉螺，
印度洋和太平洋地区
鹦鹉螺的英文名（nautilus）
来自古希腊语，本义是水手。

捕鸟蛛

捕鸟蛛可以说是蜘蛛之中的巨无霸，最大的个体甚至可以盖住一个餐盘！与其他蜘蛛不同的是，它们不会结网等着猎物上钩，而是主动捕捉大型昆虫，以及青蛙和老鼠之类的动物。每只捕鸟蛛都有八条毛茸茸的长“腿”，上面分布的传感器可以感受到猎物发出的微小振动。

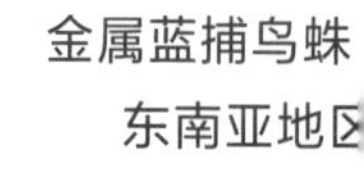

金属蓝捕鸟蛛
东南亚地区

塔兰托（Taranto）是意大利的一个小镇，捕鸟蛛的英文名（tarantula）就源自它的名字。当地的人们传说，谁要是被有毒的捕鸟蛛咬伤了，只能跳一种叫塔伦泰拉的快舞才能活命。传说总归是传说，大多数捕鸟蛛其实对人类无害。当然，有些捕鸟蛛的自卫方式也确实够让人讨厌的：它们会用后腿从身上刮下的一些具有刺激性的刚毛，然后把它们像天女散花一样抛到攻击者的脸上，让对方的眼睛和鼻子痒痛难耐。

雌性捕鸟蛛的寿命
可长达 35 年。

蜂纹马陆，
加勒比地区

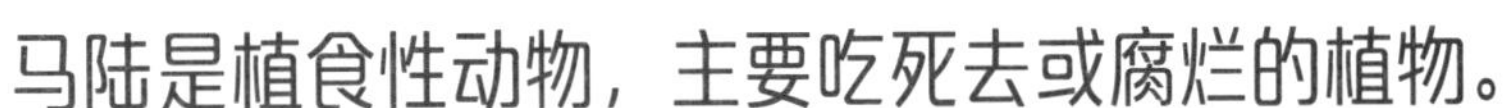

马陆是植食性动物，主要吃死去或腐烂的植物。

马陆

4.2亿年前， 马陆告别海洋，成为地球上第一批在陆地生活的动物之一。幸好这些多足的爬虫每天早上不用穿衣打扮，不然恐怕要累个半死——它们可是全世界“脚”最多的动物！最高纪录是375对。不过，一般的马陆只有50~100对。

马陆的身体分成很多节，所以它们像蠕虫一样柔韧，还可以蜷成团来保护自己。有些马陆会释放恶臭来赶走捕食者，还有一些会分泌毒素，这些毒素闻起来像烤杏仁的味道，但毒性却足以杀死鸟，或让人皮肤灼痛。

和鱼一样，龙虾也用鳃呼吸，
只不过它们的丝状鳃藏在甲壳里。

龙虾

看到一只毛乎乎的龙虾，你是不是觉得有点意外呢？礁龙虾身上长满了刚毛，也就是棘，这些刚毛就像人胳膊上的汗毛一样，能让它们在接触东西的时候有所感觉。有的龙虾在晚上外出捕猎，它们用头上的触角嗅探气味，光凭这一技能就能分辨出猎物是鱼还是虫！

大多数种类的龙虾都有一对大螯足，但这对强有力的“爪子”长得不一定对称。有些种类的龙虾有一只螯强健，用来敲碎贝壳；另一只螯锋利，用来切割。不过，雄性龙虾打架时不会用螯，而是从眼睛下面互相喷尿。

快躲开！

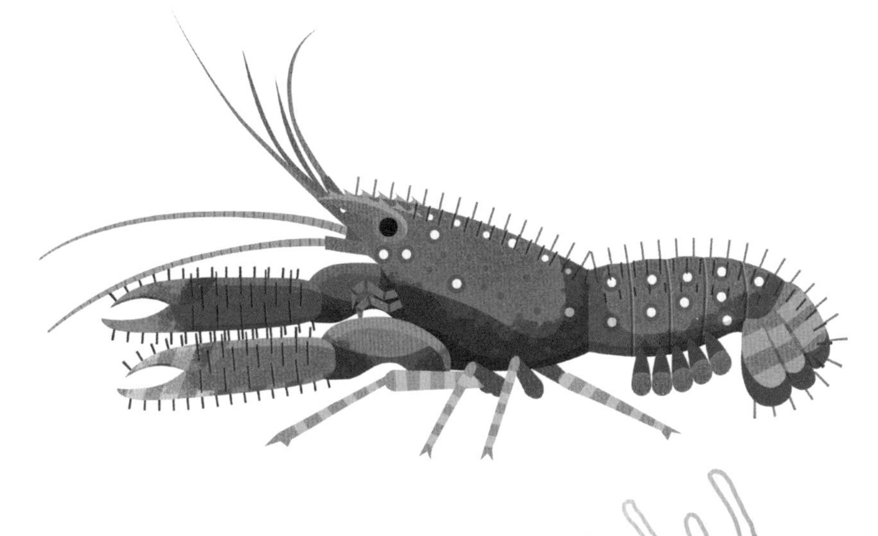

东方礁螯虾，
印度洋和太平洋地区

熊蜂

熊蜂的翅肌运动起来特别卖力，
以至于有时这里的温度，
比身体其他部位的高出 15 摄氏度。

欧洲熊蜂，
非洲北部、欧洲和亚洲西部地区

据说，熊蜂最初生活在喜马拉雅山的高处，那里的气候非常寒冷，所以它们长出了满身舒适的“毛皮大衣”。它们非常善于保暖，即使在冰冷刺骨的北极地区也能生存。熊蜂是异常勤劳的昆虫，每天可以采集几千朵花的花蜜，在花朵间穿梭往来的时候，它们快速拍动的翅膀会发出招牌式的嗡嗡声，这让人一听就知道是熊蜂来了。

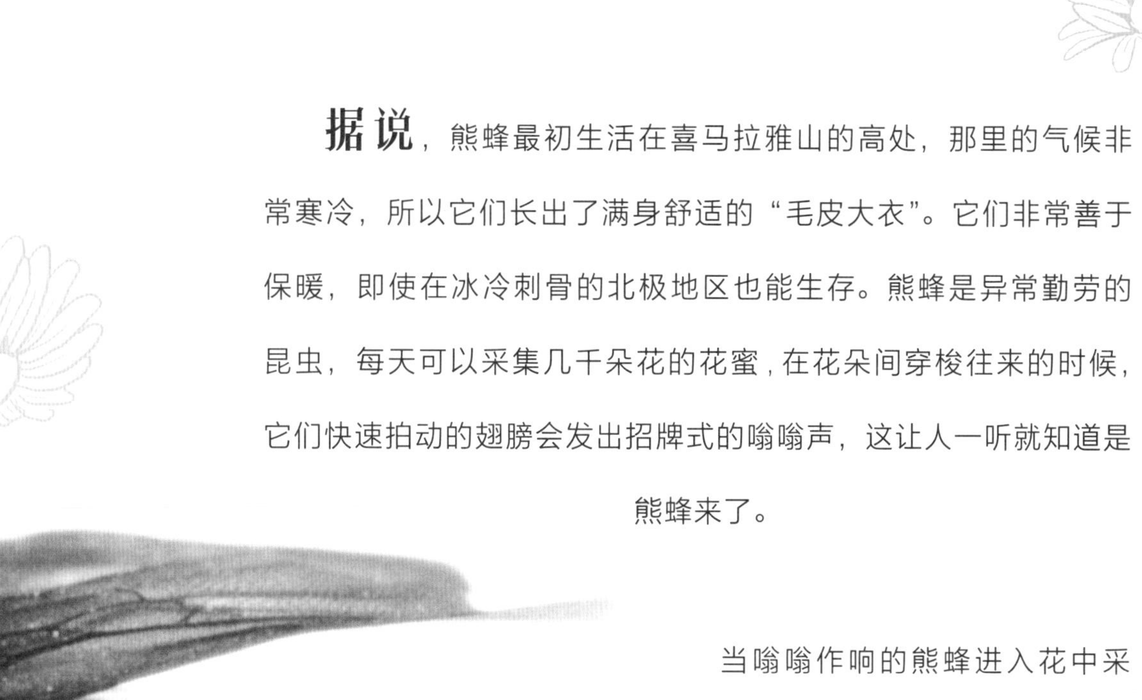

当嗡嗡作响的熊蜂进入花中采蜜时，它们会不停地摇晃，以让毛茸茸的身体沾上花粉。接着，它们会把花粉扫进后“腿”，即足上特殊的花粉篮里，带回蜂窝给幼虫吃。

红海胆，
太平洋地区

海胆能够感光，但它们却没有眼睛。
也许它们是用整个身体在看东西呢！

海胆

海胆可以说是海里的刺猬。它们用尖刺，也就是棘密布的外壳，赶走海獭等饥肠辘辘的捕食者；用棘和几百只摇摆的管足，在海床上慢慢地爬行。每只管足的末端都有一个吸盘，用来牵引它们前进。为了走得更快，一些海胆干脆把螃蟹当免费出租车用，螃蟹也因此得到了“刺球保镖”的保护。

如果把海胆翻过来，你就会看到它们圆圆的“嘴巴”。海胆几乎能咀嚼它们遇到的任何东西，从海藻到海绵都不在话下。有时，它们会组成海胆军团，把海床上的生物扫荡一空，只留下光秃秃的岩石和沙子。

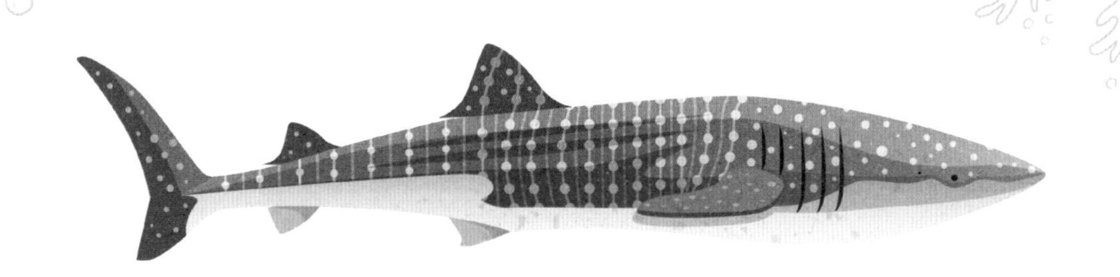

鲸鲨

海洋深处突然出现了一张巨大的“嘴巴”，它宽达 1.5 米，可以轻松吞下一个人。幸运的是，这张“大嘴”属于一位温和的“巨鱼”——鲸鲨。鲸鲨的巨颚虽然分布着很多颗牙齿，但是这些牙齿长得都很小、很细，不适合撕咬。和那些善于捕猎的近亲们不同，鲸鲨的进食方式是大口喝水，然后把水滤出去，吞下其中的海藻、珊瑚虫、虾和小鱼苗。

这种斑斑点点的鲸鲨不光嘴巴大，而且还是地球上现存最大的鱼。有的比双层大巴还要长，比两头成年大象还要重！

鲸鲨背部的皮厚达 10 厘米。

鲸鲨，世界各地

海豚喜欢把刺鲀逗成球，
而且这么做似乎纯粹是为了好玩。

刺鲀

前一秒，刺鲀还是一条普普通通的小鱼。眨眼的工夫，它就变成了一个浑身是棘刺的“沙滩球”！刺鲀受到威胁时，会猛吸一大口水或空气，让肚子膨胀到正常大小的好多倍。对于饥饿的鲨鱼或龟等捕食者来说，强吞这种膨胀多棘的鱼是件吃力不讨好的事情，所以它们会知趣地游开，寻找更容易得手的食物。一旦脱险，刺鲀就会像气球泄气一样瞬间恢复原貌——正因为这样，这些动物也被称作气球鱼。

每次变大都会消耗大量宝贵的体力，所以刺鲀通常在白天会躲起来，晚上再外出活动。它们在珊瑚礁之间扫荡，捕食刺乎乎的海胆和嘎嘣脆的螃蟹。强有力的口可以帮它们咬碎坚硬的食物。

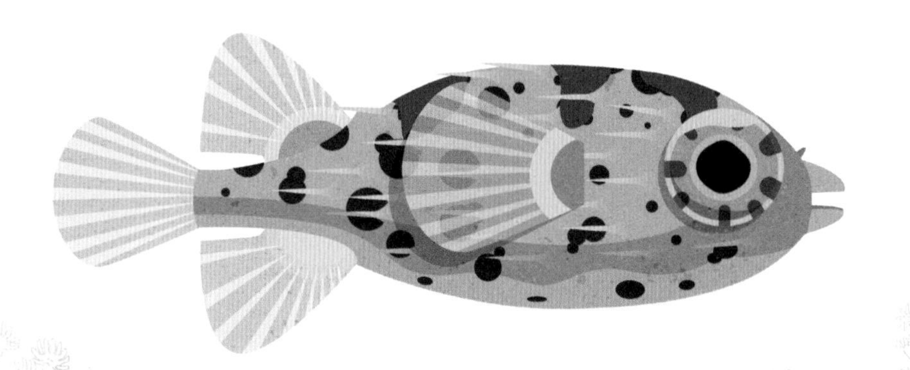

六斑刺鲀，
世界各地的热带海域

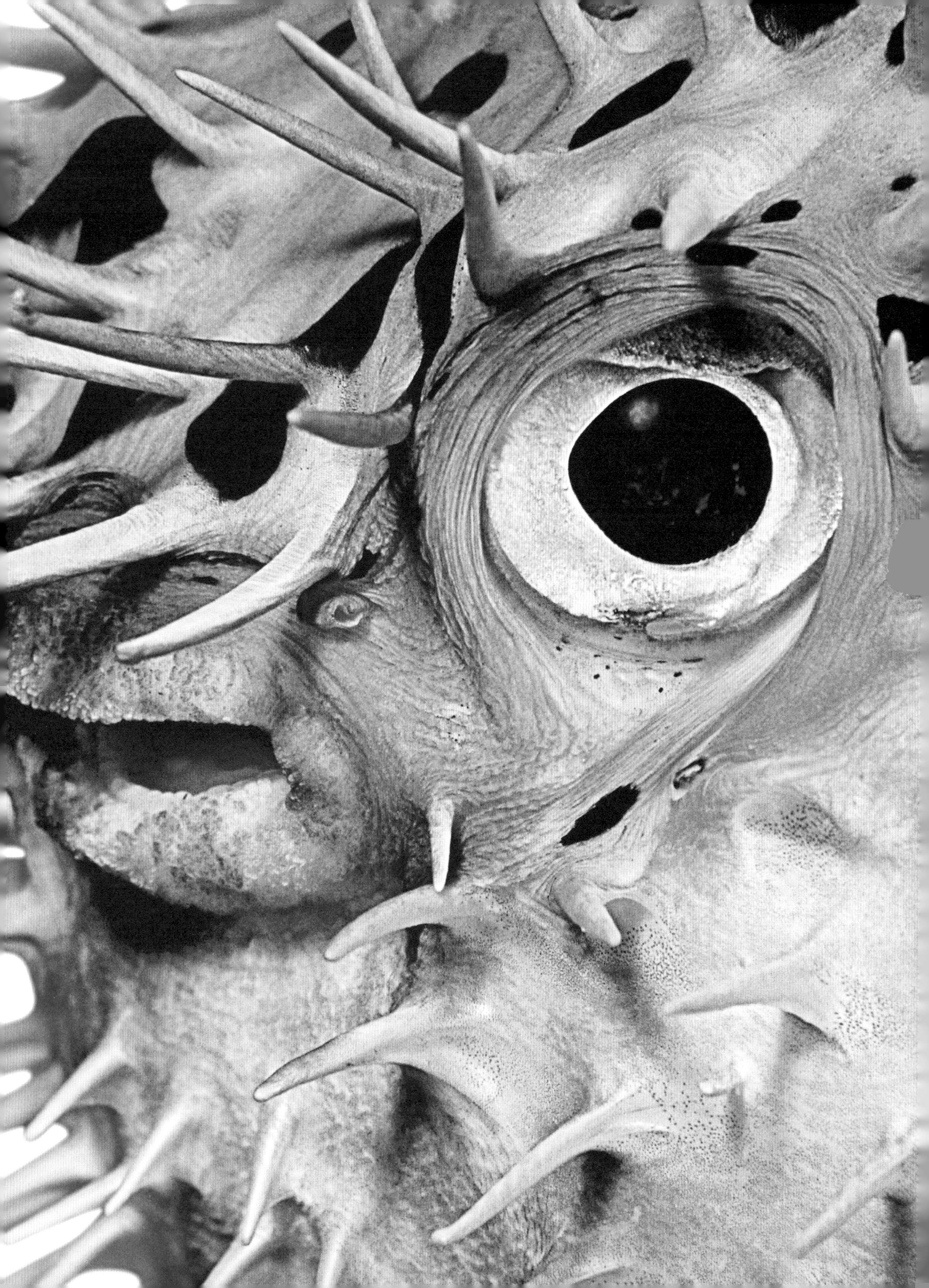

蝾螈

某些蝾螈没有肺，只能用皮肤呼吸。

绿红东美螈，
北美洲东部地区

看，一只蝾螈正在小心翼翼地爬过潮湿的树叶和苔藓，一次只迈一条“腿”，即肢。蝾螈既可以在陆地上爬行，又可以在池塘和湖泊中游动。它们喜欢一动不动地在水中悬浮。不过，一旦发现昆虫和蜗牛，它们就会摆动尾巴，迅速地冲过去逮住猎物。

许多蝾螈的颜色都很鲜艳，这可不是为了臭美，而是为了警告捕食者：“吃我，你会中毒的。”绿红东美螈在毒性最强的幼年时是鲜红色的，成年后是绿色的。幸运的是，蝾螈在遭到攻击后，就算失去了一条腿或尾巴，也可以长回原来的样子，而且可以复原很多次！

黑掌树蛙，
东南亚地区

蛙

东南亚的热带雨林里，黑掌树蛙像一片片被清风吹送的绿叶那样在空中滑翔。从一棵树跳到另一棵树上时，宽大、网状的蹼足和身体两侧带褶皱的皮瓣能帮助它们乘风滑行，所以它们一跳就能“飞行”约 15 米远。

蛙是两栖动物中成员最多的类别，而且大多有非凡的才能：北极林蛙在冬天几乎完全被冻僵也没事，多米尼加树蛙的叫声像一列火车经过的声音那样响亮，奇异多指节蟾的蝌蚪个体可以长达约 25 厘米——大概比它成熟之后还长 3 倍！

树蛙会分泌出一种液体，
再用腿把它打成蛋白霜似的泡沫团，
来给它们的卵当保护罩。

龟

你能想象身穿一套永远无法脱下的铠甲是什么滋味吗？每只龟一辈子都生活在一个光滑舒适的壳里，随着它们越长越大，龟壳也会一起长大。就连它们的脊椎和肋骨也演变成了背上“坚盾”的一部分。在中国和某些美洲原住民的神话里，整个世界据说都被一只宇宙巨龟驮在背上。

淡水龟能同时适应水里和陆地上的生活，而且喜欢晒日光浴来暖和身子。拟地图龟是一种淡水龟。它们之所以叫这个名字，是因为龟壳上那些弯弯扭扭的线圈有点像地图上的等高线。

龟宝宝还没孵出来时就已经在蛋里互相打过招呼了！

拟地图龟，美国地区

赤道安乐蜥，
南美洲西北部地区

蜥蜴

乍看起来，赤道安乐蜥跟其他的蜥蜴没什么两样。不过，这种蜥蜴中的雄性在试图吸引雌性的注意力时，会把下巴下面的一大片皮膜，即领围展开，亮出惹眼的色彩。除了吸引异性，这种“喉扇”也可以用来警告其他蜥蜴，让它们走开。有些雄性赤道安乐蜥会在早晚时分做俯卧撑，这也是为了展示力量。

蜥蜴能以千奇百怪的方式传递信息。例如，变色龙用变色的方式表现自己的情绪变化，鬃狮蜥像挥手一样把一条前肢抬起来挥舞。伞蜥在脖子周围架起一圈伞形的皮膜，使自己看起来更大，并且告诉捕食者：“别惹我！”

世界上体形最大的蜥蜴是科莫多巨蜥，
个体可以长到约 3 米长，100 多千克。

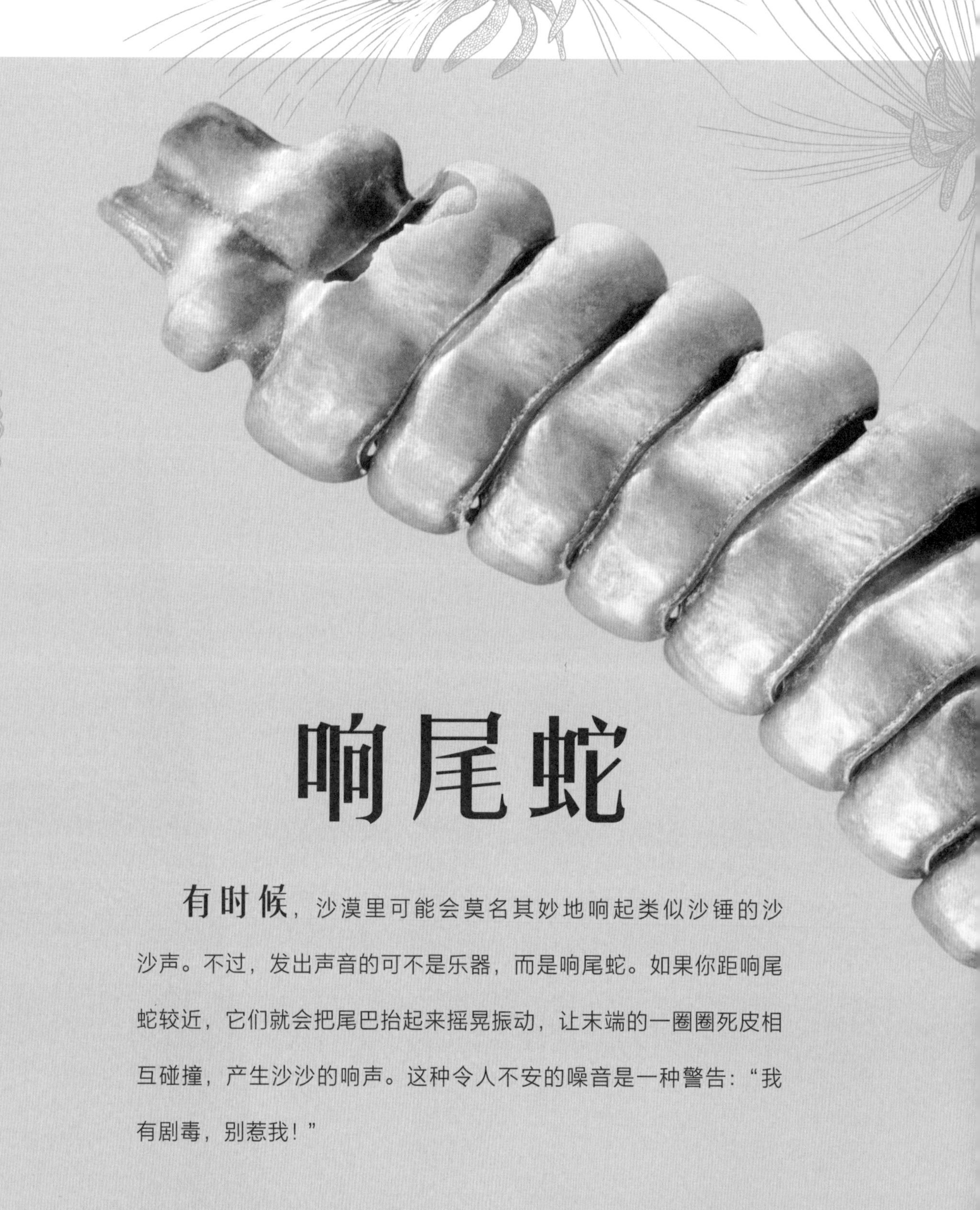

响尾蛇

有时候，沙漠里可能会莫名其妙地响起类似沙锤的沙沙声。不过，发出声音的可不是乐器，而是响尾蛇。如果你距响尾蛇较近，它们就会把尾巴抬起来摇晃振动，让末端的一圈圈死皮相互碰撞，产生沙沙的响声。这种令人不安的噪音是一种警告："我有剧毒，别惹我！"

假如敌人对它们的威胁无动于衷，那响尾蛇就会把身体弯成S形，随时准备发动攻击。有的响尾蛇嘴里有两颗长长的毒牙，里面装满了毒液。东部菱斑响尾蛇是北美洲最致命的毒蛇之一。

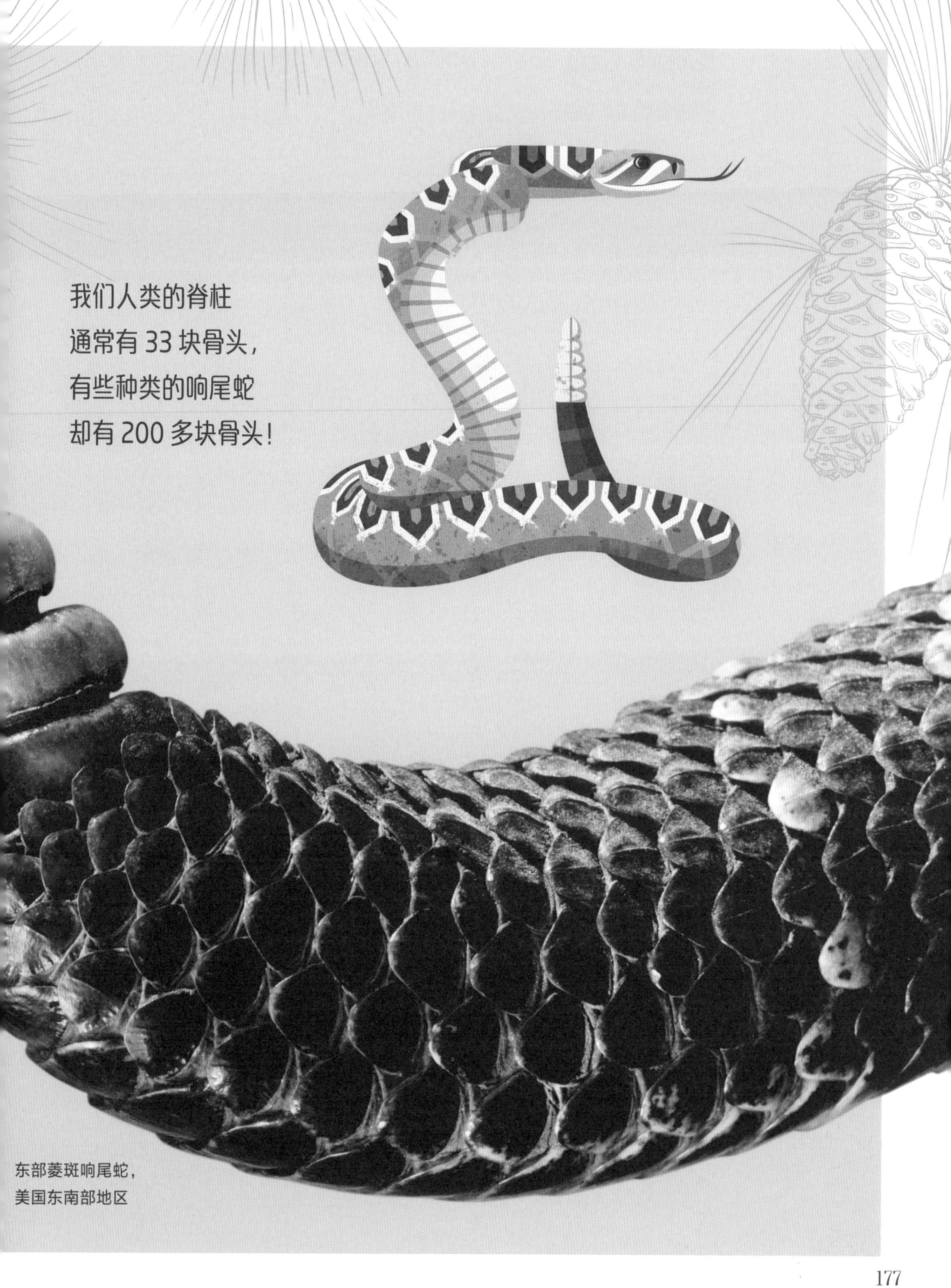

我们人类的脊柱
通常有 33 块骨头，
有些种类的响尾蛇
却有 200 多块骨头！

东部菱斑响尾蛇，
美国东南部地区

恒河鳄

鳄鱼已经在地球上生存了两亿多年，是了不起的生存大师。与其他鳄鱼不同，恒河鳄主要吃鱼，对鸟或哺乳动物不感兴趣。那又长又薄的嘴巴里排列着 100 多颗锋利的牙齿，只用猛地一咬，就能把滑溜溜的美餐牢牢逮住，然后整个吞下去。

恒河鳄尾巴的顶端有一排巨大的骨板。骨板用来吸收或排放太阳的热量，从而调节体温。每只雄性恒河鳄个头都很大，吻的顶端长着一个奇怪的肿块。这个东西可以让雄性发出响亮的嗡嗡声和嘶嘶声来吸引雌性。

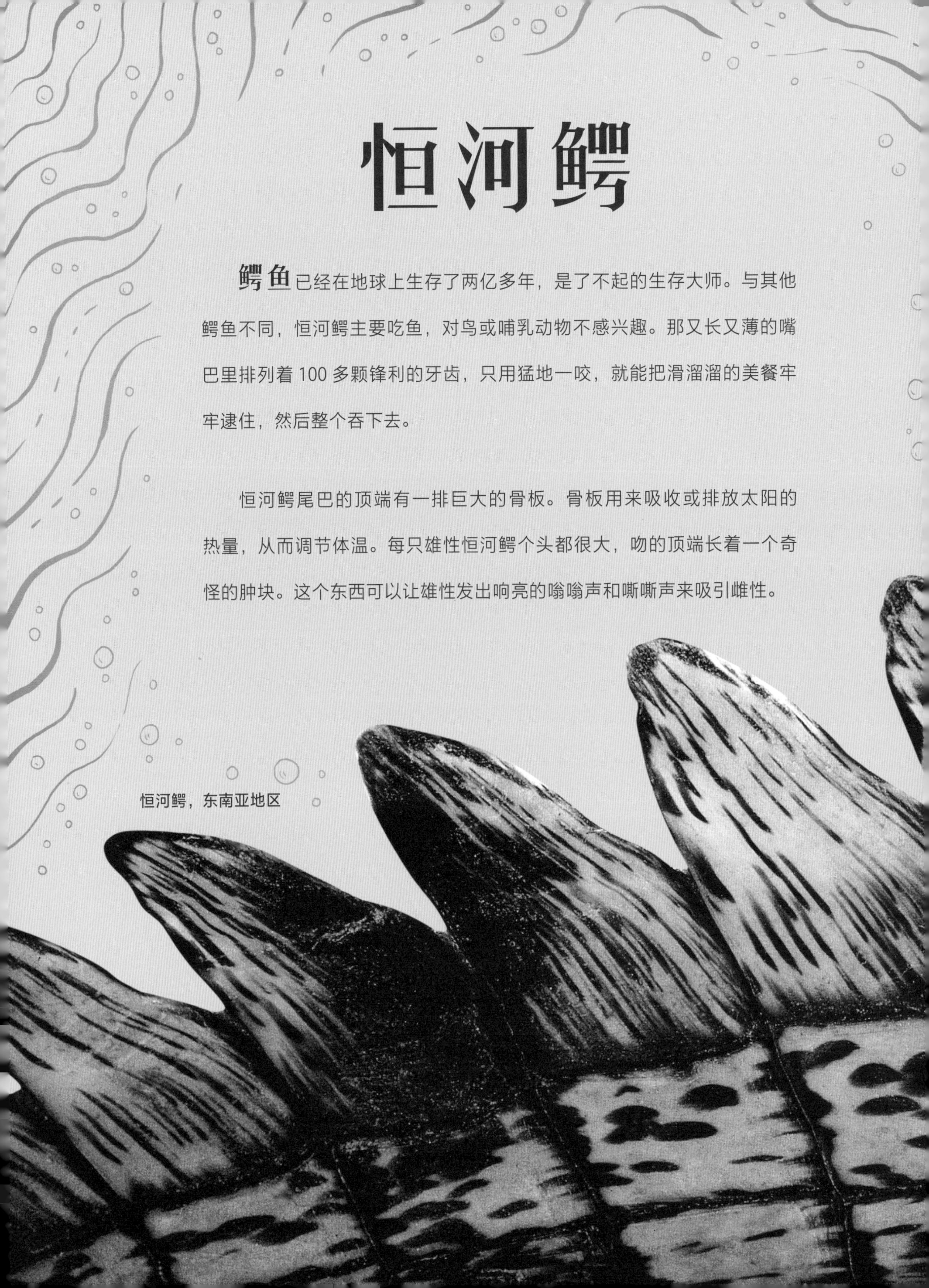

恒河鳄，东南亚地区

雄性恒河鳄是超级老爸，
它们会把各自的几十个小宝宝背在背上。

鹤鸵

鹤鸵下的蛋特别大，而且是绿色的。
通常由雄性鹤鸵负责照顾它们。

鹤鸵长得活像史前动物，让人一看就能想起鸟是从恐龙进化而来的。这种大鸟在体重上仅次于鸵鸟和鸸鹋，而且与鸵鸟和鸸鹋一样，它们也不会飞。鹤鸵是一种容易害羞的动物，喜欢在热带雨林家园里独自徘徊。不过，真要自卫时，它们也不是好惹的。强有力的双“腿”即足加上 10 厘米长的利爪，往往能一击致命。

鹤鸵的头顶上有一个坚固的角质盔。这个东西的作用是什么？增强听力？决斗利器？还是在雨林里横冲直撞的“头盔”？没有人知道答案！

双垂鹤鸵，
东南亚和澳大利亚地区

鸭

嘎！ 这大概是绿头鸭在叫。然而，并不是所有的鸭子都会嘎嘎叫。有些种类会吹口哨，而有些则会嗷嗷、吱吱、咕咕，甚至汪汪叫！鸭子几乎无处不在——就连寒冷的北极地区也有王绒鸭生活。为了捕食蛤蜊，这种强悍的鸭子可以潜入刺骨的海水之中。和大多数鸭子一样，王绒鸭的雄性长得五颜六色的，而雌性则满身棕色。暗淡的颜色可以帮它们隐藏，尤其是在地上的巢里孵蛋时。

有些鸭子走起路来摇摇晃晃，看起来笨笨的，可到了天上，它们却摇身一变，成了飞行高手。凭借强有力的翅肌，它们有的能够在很短的时间内起飞或加速。例如，红胸秋沙鸭的飞行时速可以超过 100 千米。

无论是丑小鸭，还是白天鹅，
都属于鸭科动物。

维多利亚凤冠鸠，
新几内亚北部地区

鸽爸爸和鸽妈妈
会在嗉囊里制作一种特殊“乳汁”来喂鸽宝宝。

鸽

广场、火车站和公园常常挤满了咕咕叫个不停的鸽子。灰色的原鸽是分布最广的鸽子，世界各地的城市都有它们的身影。然而，鸽子其实也有各种美丽的颜色和花纹。例如，维多利亚凤冠鸠就有优雅的头饰，上面蓝底白尖的羽毛足以和孔雀的尾翎相媲美。

鸽子是最早被人类驯化和饲养的鸟类动物之一，历史可以追溯到一万年前左右。这些聪明的动物知道怎样从远方找到回家的路。因此，古代一直有“飞鸽传书”的佳话。

鹭

黑鹭，非洲地区

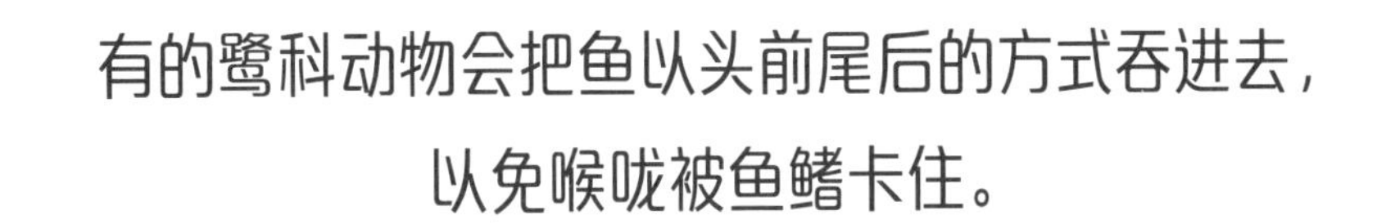

有的鹭科动物会把鱼以头前尾后的方式吞进去，
以免喉咙被鱼鳍卡住。

那是一只鸟，还是一把伞呀？答案是一只黑鹭。黑鹭也被人们称作伞鸟，看看这张照片，你就明白原因了！捕鱼时，它会把翅膀伸过头顶，埋头消失在一片由羽毛组成的华盖下。这么做可能是为了便于发现水下的鱼，也可能是为了制造一片凉爽的阴影，吸引那些想要逃离烈日的鱼送上门来。

大多数鹭科动物都是捕鱼的高手。例如，绿鹭懂得使用鱼饵。它把树枝、坚果、羽毛或昆虫之类的小东西丢到水面上，等着鱼浮到水面来看个究竟。那时，绿鹭就会一口吞下猎物。

鹰

一对白头海雕夫妇会把同一个巢经营许多年，
而且不断地给它添砖加瓦，
以至于有的巢竟然高达 4 米多。

白头海雕，
北美洲地区

鹰的翅展可宽达 2.5 米，它们是体形最大、力量最强的一类猛禽，而且是技艺高超的猎手，能够杀死比自己重得多的动物。例如，北极地区的金雕有时会猎杀驯鹿，而拉丁美洲的角雕则能用它们的长爪从树梢上抓走猴子。

白头海雕是美国的国鸟。这种鹰科动物擅长俯冲到河里捕鱼，特别是鲑鱼。它们可以用弯曲的爪子带着银光闪闪的战利品飞行，这些利爪有时长得比灰熊的爪子还长。维京神话说，因为一只鹰坐在世界之巅扇动翅膀，所以世上才有了风。

橡树啄木鸟一家可以在一棵树里储存多达 5 万枚橡子。

啄木鸟

当当当当！ 很多时候，你还没看见啄木鸟，就已经听到这样的声音了，如果再发现一棵树的身上被钻出了成千上万个整齐的小洞，那就可以断定附近有橡树啄木鸟出没。秋天的时候，这种啄木鸟从橡树上采集大量的橡子，然后在它们最喜欢的那棵树上为每颗橡子都啄出一个“小隔间”，把橡子塞进去，留着过冬。

大多数啄木鸟以食木类甲虫的幼虫为食。为了得到这些美味的食物，它们必须用尖尖的喙快速敲击树干，敲击速度高达每秒钟 15 次！由于头骨内部有特殊的结构和结构疏松的头骨等保护着大脑，所以它们不会啄着啄着就把自己震晕。

橡树啄木鸟，北美洲南部
和南美洲北部地区

黑额织雀，非洲南部地区

织雀

图中这种鸟是世界上最了不起的动物建筑师之一织雀，也叫织布鸟。精明的雄性织雀懂得利用巧妙的设计筑巢防蛇：把一根长长的草叶绑在一根细枝上，拧成一个圈，然后像编辫子一样，在这个圈的周围编织更多的草。经过五天的编织，一个具有防蛇功能的巢就编好了。用一张嘴和两只足和爪子便能完成这样的杰作，多么不可思议！

织雀的种类很多，而且个个都有自己的鸟巢设计方案。织雀过着集体生活，共用一个由细枝和草叶组成的巨大鸟巢。有的“织雀村”有 6 米长，可以容纳 100 个织雀家庭！

雌性织雀会用拉扯的方式验收鸟巢，看哪些结实。
松松垮垮的鸟巢会被淘汰掉。

针鼹

看到一个葡萄大小的蛋，你肯定以为它会孵出一只鸟或者一只爬行动物，谁知道最后竟然钻出来一只哺乳动物针鼹！奇怪的针鼹科动物是仅有的两种卵生哺乳动物之一，另一种是鸭嘴兽科动物。针鼹妈妈一胎一般只产一个外壳坚韧的蛋，而且要把产下的蛋放在腹部的育儿袋里保暖。孵化几周之后，一只针鼹宝宝才能正式诞生。

短吻针鼹披着针刺外套，以防止捕食者在它们觅食时发动袭击。它们用强壮的爪子挖掘最爱吃的蚁。

针鼹没有牙齿，
它们直接用黏性超强的舌头，
把昆虫和蠕虫卷进肚子。

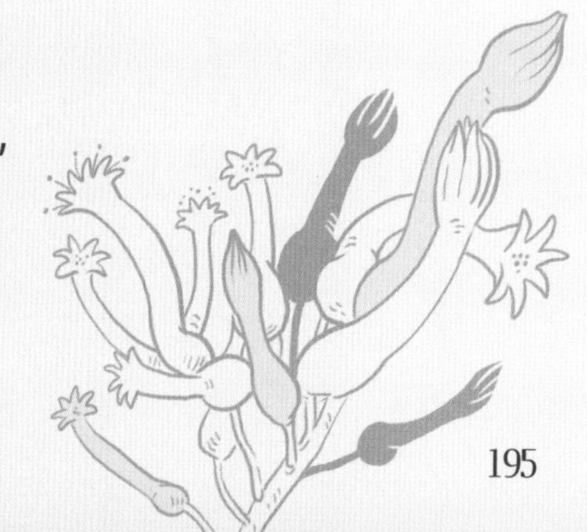

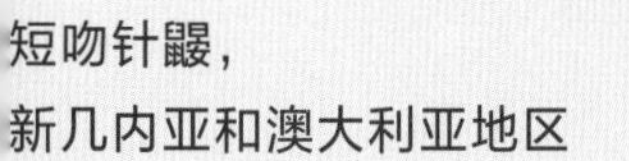

短吻针鼹，
新几内亚和澳大利亚地区

袋熊是世界上唯一能够拉出方块形大便的动物。

袋熊

袋熊也许看起来像熊又像兔，但这种非同寻常的澳大利亚哺乳动物，实际上是袋鼠和树袋熊的近亲。毛茸茸、胖乎乎的袋熊是打洞专家，因为它们身体粗壮，还有强健有力的四肢和带趾的爪子，非常适合快速地挖掘隧道。感到危险的时候，袋熊会跑进自己的洞里，用毛糙的屁股堵住入口，这样饥肠辘辘的食肉动物就逮不着它们了。

袋熊妈妈把宝宝安稳地装在肚子上的育儿袋里。与它们的近亲袋鼠不同，袋熊的育儿袋开口朝后，这也是它们挖洞时不用担心土会落入其中的原因。

袋熊，
澳大利亚东南部地区

巴西三带犰狳，
巴西地区

犰狳

倭犰狳只有半只铅笔那么长，是体形最小的犰狳种类。

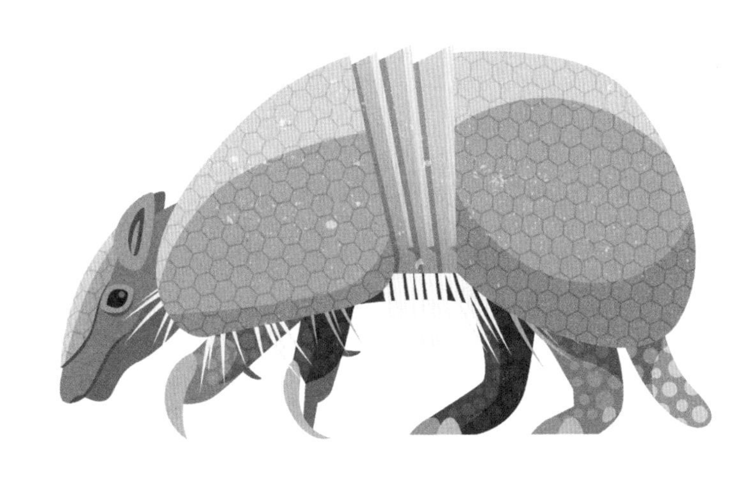

乍一看，这个东西像是一个奇形怪状的足球，可是你走近一些，就会发现这其实是一只巴西三带犰狳的蜂巢状外壳。如果美洲豹或猛禽试图攻击犰狳，它就会立刻紧紧地卷成一个球。据说，巴西三带犰狳是仅有的两种可以滚成完美球体的犰狳之一。由于身体中部有三条窄带，所以它们骨质的外壳可以弯曲。犰狳感到险情解除后，就会伸展四肢，小跑着去寻找食物或睡觉。它们经常一天睡 16 个小时！虽然犰狳披着一身厚重甲胄，但有些种类的游泳技术却相当不错，它们可以一边划水，一边吸气让自己浮起来。

海牛

海牛有着宽阔的鳍状肢和巨大的鼻子，是一种性情温顺、身材肥壮的哺乳动物。它们沿着河流、沼泽和海岸缓慢巡游，每天都要花多达八小时的时间，啃食水下草甸中的海草。海牛消化食物时会产生大量的气体，这导致它们胀得像气球。幸亏它们的骨骼又大又沉，不然吃饱后怕是连下潜都有困难。

1493 年，探险家克里斯托弗 · 哥伦布看到一些奇怪的动物在南美洲沿岸游泳。那些动物其实是海牛，结果被他误会成了神话中的生灵——美人鱼！许多其他的航海者也曾有过同样美丽的误会。

海牛和鲸、海豚以及海豹的关系比较远，
与大象的关系反而更为亲近。

西印度海牛，
加勒比海和南美洲北岸地区

黑猩猩懂得用多种不同的植物，来治疗肚子疼之类的小毛病。

黑猩猩

黑猩猩是与人类亲缘关系最密切的动物之一。它们和我们同属于人科，这个科的动物还包括大猩猩和猩猩。黑猩猩过着嘈杂闹腾的集体生活，每个集体大约有 30 个成员。它们玩笑吵闹，彼此之间结下了牢固的友谊。

黑猩猩非常聪明，它们是科学家最早观察到的使用简单工具的动物。有些黑猩猩已经学会了用石头砸开坚果，有些则会用尖树枝从树洞里捞虫子吃，还有些甚至知道把苔藓用作海绵来吸水喝。不过，并非所有的黑猩猩都具备这些技能——幼年黑猩猩必须通过观察周围的成年黑猩猩来学习。

黑猩猩，
非洲中部和西部地区

蝙蝠

在黑暗中快速飞行可是个高难度的技术活。不过，北美长耳鼠耳蝠之类的食虫蝙蝠是这方面的专家，它们就算在夜里四处疾飞也不会撞到任何东西！它们发出大量的声波，声波从树木、建筑物及其他物体上反弹回来。蝙蝠听到回声后，脑海中会产生“声音图像”。利用这种回声定位技术，它们还可以追踪美味的飞蛾。

许多鬼故事，都描述过名叫吸血鬼的人形怪物喝血后变成蝙蝠飞行的情形。没错，有些种类的蝙蝠的确喝血，但它们生活在热带雨林里，主要以貘或家畜为吸血对象。对了，蝙蝠是唯一会飞的哺乳动物。

北美长耳鼠耳蝠，
北美洲西部地区

蝙蝠就像毛茸茸的天气预报员，
它们能感觉到气压的微小变化，
从而预知天气。

美洲豹

美洲豹，

北美洲南部南和美洲北部

美洲豹会吼，但是和多数大型猫科动物一样，
它们不会发出家猫的咕噜声，
倒是会发出一种用锯子锯木头的声音！

在森林家园里，美洲豹要想不被发现，最好的方法是什么？是让身上多些斑点！拥有满身美丽的斑点花纹，可以让它们在斑驳的光线下神出鬼没。

美洲豹用偷袭的方式捕食野猪、鹿、鱼、龟和任何它们能够找到的食物。个头大的美洲豹甚至会对凯门鳄下手。墨西哥古代的阿兹特克帝国，有一群名叫美洲豹勇士的顶尖士兵。他们身穿美洲豹皮，希望自己能像这种大型猫科动物一样有力量，同时，也威吓敌人。

在世界上的某些地方，
一头冬眠的熊可以连续六个月不吃喝拉撒。

棕熊

小熊们满肚子淘气劲儿，个个都是贪玩的小探险家。它们的生命始于舒适的地下洞穴，洞穴是由熊妈妈挖掘出来的，里面铺着柔软的树叶。刚出生的熊宝宝是粉红色的，而且很小很小，但是有的成年后能够长大 500 倍，相当于一个人类婴儿长到河马那么大！在整个寒冷的冬季，它们都和熟睡的妈妈待在里面。

春回大地后，熊妈妈和熊宝宝会爬出洞穴找东西吃。棕熊长着用来撕肉的锋利牙齿，但是它们其实胃口很杂，几乎什么都吃，尤其喜欢新鲜的嫩枝和多汁的浆果。滑溜溜的鲑鱼也是它们的最爱。它们可以用弯弯的爪子把鲑鱼从河里钩出来。

貘在森林的河流和池塘中游泳时，
可以把鼻子翘出水面当通气管用。

马来貘，东南亚地区

貘

想在雨林里找到貘，只要循着地面上大大的叶形脚印走就行了。不过，你得轻手轻脚才行，因为这种哺乳动物非常害羞。同时，虽然貘可以长到驴子那么大，但它们必须时刻躲避自己的主要天敌——大型猫科动物。

每只貘都长着一条象鼻似的长鼻子，可以用它摘水果和树叶。需要降温的时候，它们会到一片黏稠的稀泥中躺下。貘宝宝身上有深浅两色混杂的斑点和条纹，更容易在明暗斑驳的森林中隐藏。这副模样和它们父母的形象非常不同。

高鼻羚羊

眼前是一片金黄的草海，高鼻羚羊就藏身于其中的某个地方。虽然这些怪模怪样的动物生活在横跨亚洲中部的欧亚大草原，又叫斯太普草原上，可是大群的它们却难得一见，因为高鼻羚羊居无定所，每年都要长途跋涉去寻找新的草场。只有雄性高鼻羚羊才有角，但无论雄性还是雌性个体都有一个耷拉的大鼻子。这个拉长的鼻子可以把吸入的空气加热，或者让血液降温，从而帮助高鼻羚羊调节体温。

世界上曾经有数百万头高鼻羚羊，可是由于人类的狩猎，它们的数量一度只剩下几千头。现在，它们虽然已经受到保护，数量也恢复了不少，但这个物种仍然处于濒危状态。

刚出生两天的高鼻羚羊宝宝就已经能跑了！

高鼻羚羊，亚洲中部地区

词语表

孢子 孢子是蕨类、苔藓和真菌释放出的灰尘状颗粒，可以发育成新的个体。

宝石 宝石是经过切割加工后闪闪发亮的珍贵岩石或矿物颗粒。

变质岩 变质岩是由其他种类的岩石在高温和重压等作用下形成的新型岩石，通常位于地下深处。

濒危 濒危是指生物在野生环境下的数量变得非常稀少。如果人类不采取必要的补救措施，濒危的生物可能会从地球上永远消失。

哺乳动物 哺乳动物属于脊椎动物，一般拥有体毛和恒温的血液；除了个别物种是卵生之外，几乎都是胎生；雌性大都会给幼儿喂奶。

捕食者 捕食者是猎捕其他生物为食的生物。

沉积岩 地球表面分布较广的岩石，是地壳岩石经过风化后沉积而成的，多呈层状，大部分在水中形成。其中常夹有生物化石，含有煤、石油等矿产。

毒素 毒素是动物用来自卫的有毒物质，往往储存在棘刺或皮肤中，所以攻击者只有在接触或尝试吃掉有毒动物时才会中毒。

毒液 毒液有时是指动物用来自卫的有害液体。毒液和毒素是生物保护自身的一种武器。

肺 肺是高等动物的呼吸器官，是哺乳动物、鸟类、爬行类动物等的主要器官之一。

浮游生物 浮游生物是在海洋、湖泊和池塘中随波逐流的微生物，往往小到肉眼看不见。包括藻类和桡足动物等微型动物。

光合作用 光合作用是植物和藻类利用太阳能合成养分的化学过程。氧气就在这个过程中被释放出来。

海草 海草是海洋中生长的大型藻类，能像植物一样进行光合作用。

花粉 花粉是花和针叶树的球果产生的粉末状颗粒物。它们借助风或动物传播，从一朵花移动到另一朵花，或者从一颗球果移动到另一颗球果，可以让对方结出种子。

花蜜 花蜜是花朵分泌出来的香甜液体，能够吸引某些昆虫、鸟和哺乳动物访问花朵，帮助传粉。

化石 化石是保存在岩层中的地质历史时期的生物遗体或生物活动所留下的遗迹。

回声定位 回声定位是发出声波后利用回声判断周围物体的信息，确定自身方位和方向的方法。海豚和某些种类的蝙蝠就是用回声定位来探索世界的。

火成岩 火成岩是地球内部炽热的岩浆或火山喷出的熔岩冷却之后形成的岩石。

寄生生物 寄生生物在其他生物体表或体内生活。它们以宿主为食，而且依赖宿主生存。蚊子、吸血蝙蝠、某些扁虫和大王花都属于寄生生物。

晶体 晶体是具有格子构造的固体，绝大多数金属、矿物等都属于晶体范畴。

矿物 矿物是具有晶体结构的固态物质，绝大多数是固态，极个别是液态，如自然汞。一种或几种矿物可组成岩石。

昆虫 昆虫是指身体分为头、胸、腹三部分，并且长有三对足的动物。翅膀有两对或一对，也有没翅膀的。

两栖动物 两栖动物属于脊椎动物。它们在一生的某个阶段通常完全在水中生活，其余时间水陆两地栖。一般从卵发育为幼虫，再从幼虫发育为成体。

蛙类和蝾螈类动物就是其中典型的代表。

猎物 猎物是被捕食者猎食的生物。

爬行动物 爬行动物属于脊椎动物，大多拥有鳞片或甲，通常是卵生，或卵胎生，包括蛇、蜥蜴、龟和鳄鱼等。

迁徙 迁徙有时是指动物为了寻找新的食物或繁殖后代而进行的较长距离的移动。有许多动物每年都要在夏季和冬季的栖息地之间往返。

肉食性 肉食性是生物以其他动物为食的习性。

软体动物 软体动物属于无脊椎动物，包括章鱼、蚌和蜗牛等。

鳃 鳃是鱼、虾和某些两栖类动物在水下用来呼吸的器官。

珊瑚礁 珊瑚礁是一种主要见于温暖浅海区域的石灰质岩礁，主要由数十亿个名叫珊瑚的微小动物的坚硬“骨骼”组成，是很多生物的栖息地。

史前时代 史前时代是指没有书面记录的远古时期。许多史前动物和植物已经不复存在，但我们可以通过化石了解它们。

授粉 授粉是花粉在植物之间传播，从而生成种子的过程。花粉通常随风而动，或者借助动物传播。

树脂 树脂是树木分泌出的黏稠液体，颜色为黄色、棕色或红色等。树皮出现裂口时，树脂会从中流出来，可以帮助裂口愈合。

无脊椎动物 无脊椎动物的首要特点是没有脊椎。比如昆虫、蜘蛛、螃蟹和龙虾等。

物种 生物分类的基本单位，简称物种。不同物种的生物在生态和形态上具有不同特点。比如狮子和猎豹就是不同种的猫科动物。

细胞 细胞是组成生物的最小“砖块”。某些微生物个体只有一个细胞，比如细菌、许多种藻和变形虫。大型动物或植物可能拥有数以万亿计的细胞。

显微镜 显微镜是用来放大微观物体，让我们可以用肉眼观察的科研仪器，有的还附带可以给微生物拍摄照片的照相机。

岩石 岩石是由矿物组成的坚硬固体。

氧气 氧气是一种无色无味、可溶于水的气体，是动物呼吸必不可少的物质。氧气由藻类和植物产生，是空气的主要成分之一。

有机体 有机体是具有生命个体的统称，包括植物和动物。

有机物 有机物是有机化合物的简称，指除碳酸盐和碳的氧化物等简单的含碳化合物之外的含有碳元素的化合物。

雨林 热带或亚热带暖热湿润地区的一种森林类型，由高大常绿阔叶树构成繁密林冠，多层结构，并包含丰富的木质藤本和附生高等植物。

元素 元素构成万物，包括生物和非生物的基本性质。它们可以是固体、液体或气体之中的任何一种形态，也可以在这三种形态之间转换。比如氧、铁、碳、金元素。

藻类 古代藻类是类似植物的低等生物，大多生活在包括海洋在内的水中。它们既可以小到肉眼看不见，也可以大到海草那么大。

真菌 针真菌是真核类生物，通常以腐物或死尸为食。蘑菇和霉菌都属于真菌。

针叶树 针叶树是一类叶子大多为细针状、裸露的种子藏在硬球果里的树，大多终年不落叶。冷杉和松树都属于针叶树

紫外线 紫外线是一种人眼看不见，但能被某些其他动物看到的光。有些矿物在紫外线下会发光。紫外线是导致人类皮肤晒黑的罪魁祸首，如果我们不注意防护，还会被太阳晒伤。

图片索引

沙漠玫瑰石，第6—7页
分类：矿物
硬度：1.5~2级
主要元素：钙、硫

黄金，第8—9页
分类：矿物
硬度：2.5~3级
主要元素：金

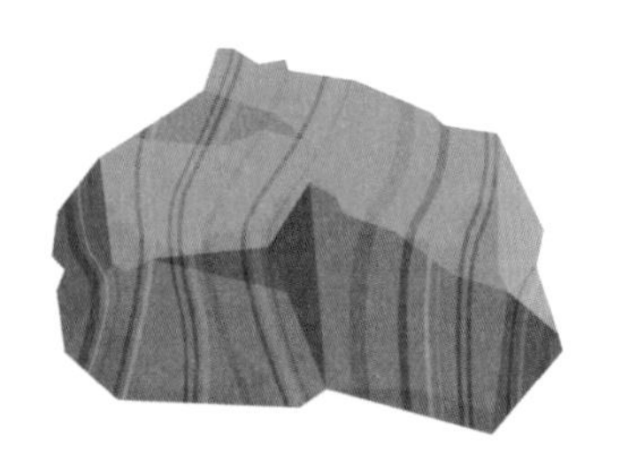

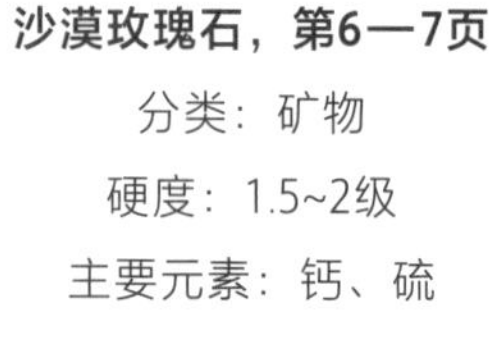

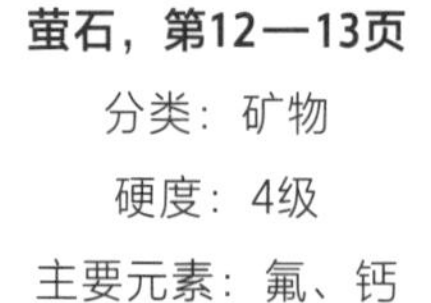

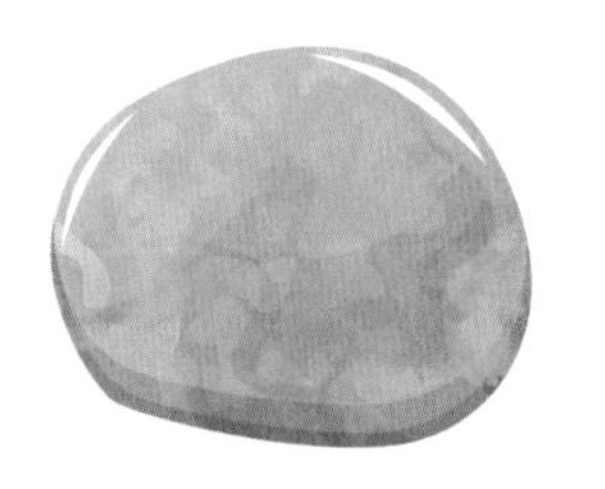

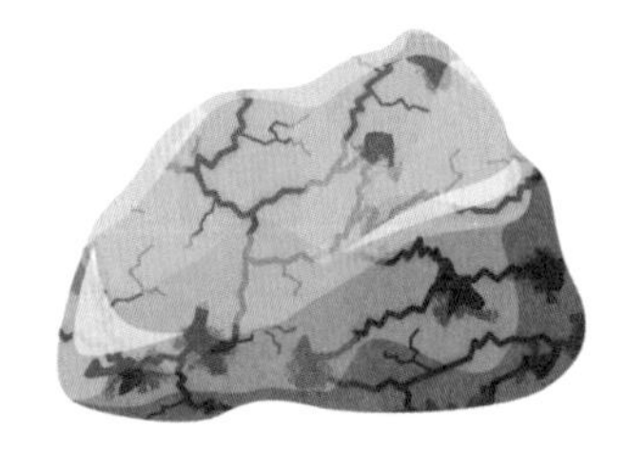

孔雀石，第10—11页
分类：矿物
硬度：3.5~4级
主要元素：铜、碳、氧

萤石，第12—13页
分类：矿物
硬度：4级
主要元素：氟、钙

贵蛋白石，第14—15页
分类：矿物
硬度：5~6级
主要元素：硅、氧、氢

绿松石，第16—17页
分类：矿物
硬度：5~6级
主要元素：铜、铁、铝、磷

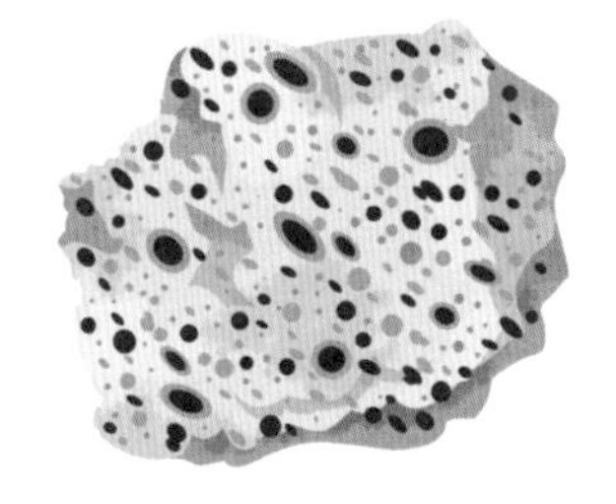

黄铁矿，第18—19页
分类：矿物
硬度：6~6.5级
主要元素：铁、硫

红宝石，第20—21页
分类：矿物
硬度：9级
主要元素：铝、氧

浮岩，第22—23页
分类：岩石 · 火成岩
主要成分：石英、长石

砂岩，第24—25页
分类：岩石 · 沉积岩
主要成分：石英、长石

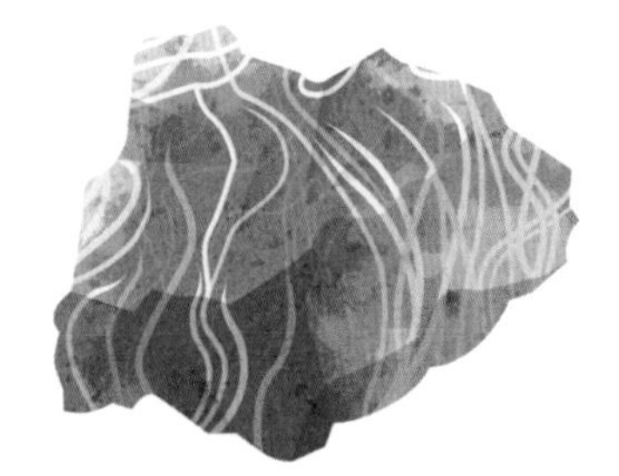

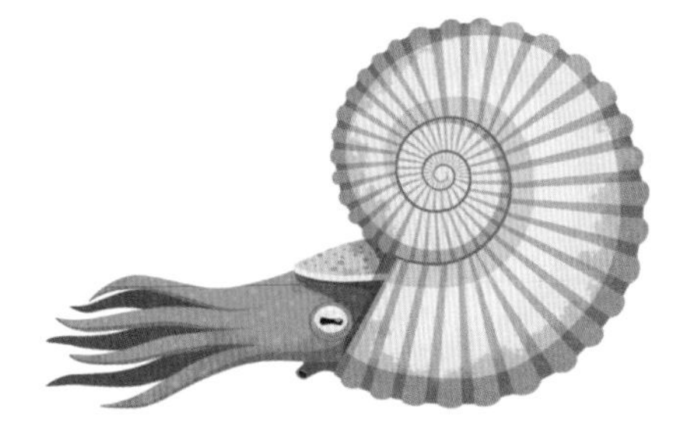

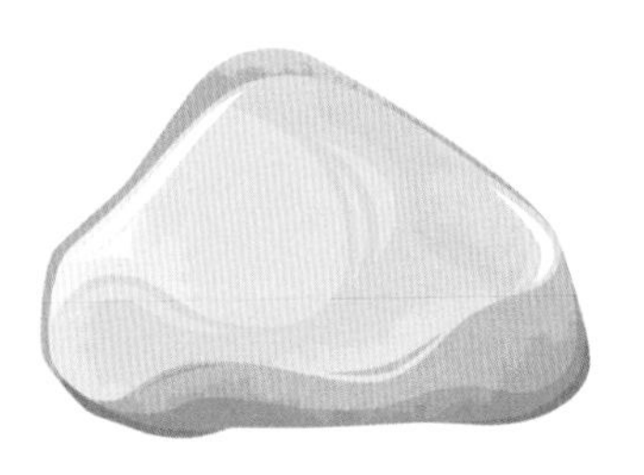

大理石，第26—27页
分类：岩石 · 变质岩
主要成分：石英、长石

菊石化石，第28—29页
分类：岩石 · 沉积岩
主要成分：石英、长石

琥珀，第30—31页
分类：化石样物质
主要成分：树脂

赫氏颗石藻，第34—35页
分类：金藻门·颗石藻
直径：约0.01毫米

巨藻，第36—37页
分类：褐藻门·巨藻
高度：约45米

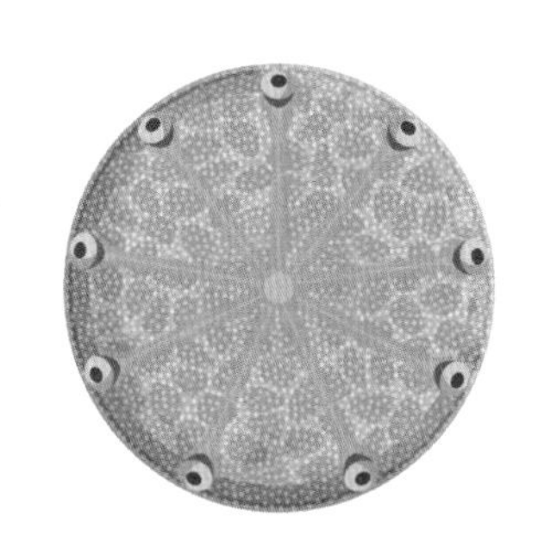

俄勒冈沟盘藻，第38—39页
分类：硅藻门·盘藻
直径：约0.1毫米

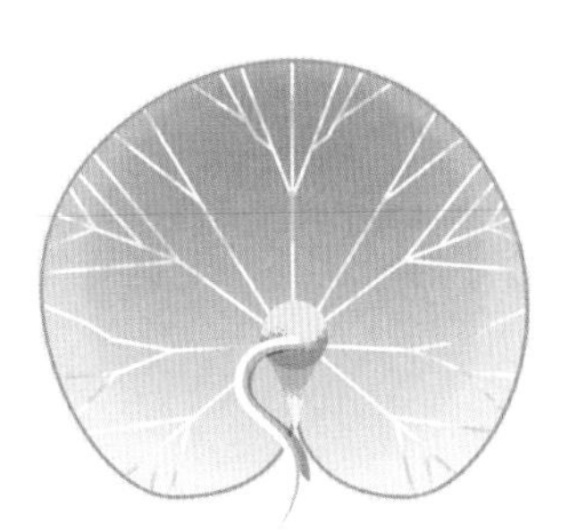

夜光藻，第40—41页
分类：甲藻门·夜光藻
直径：约0.5毫米

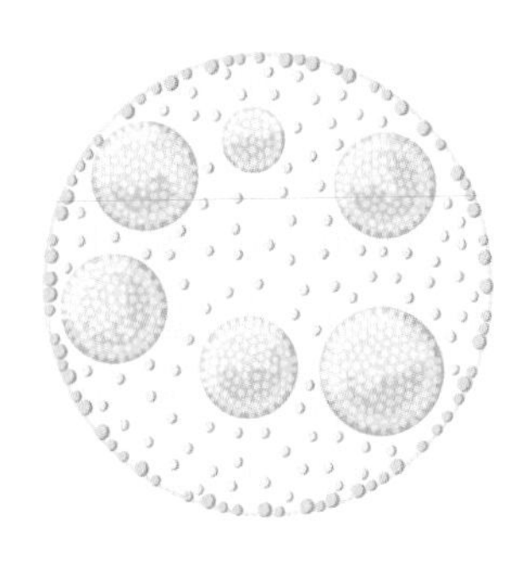

金团藻，第42—43页
分类：绿藻门·团藻
直径：约1毫米

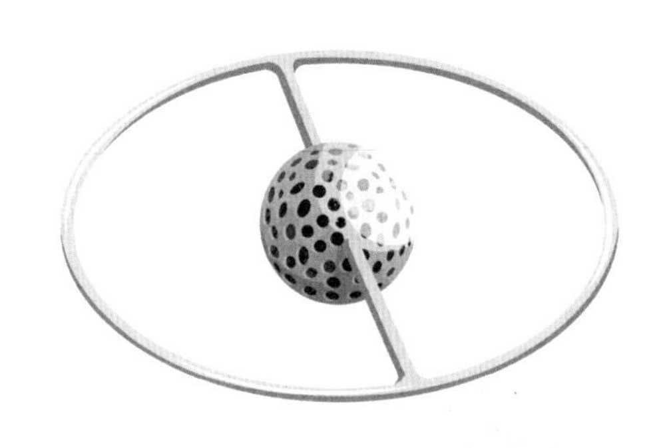

徘徊小土星虫，第44—45页
分类：原生动物·放射虫
直径：0.2毫米

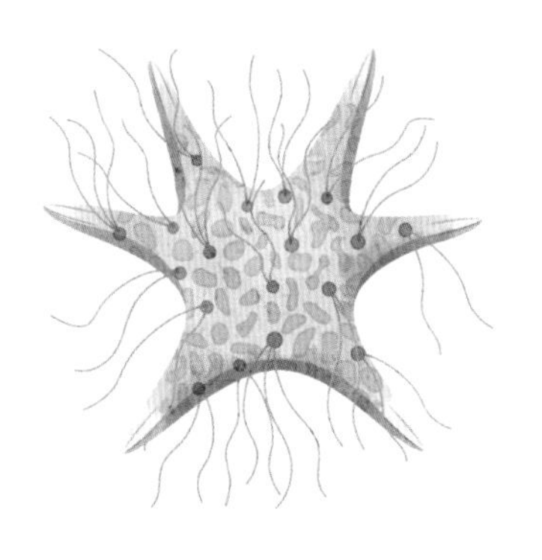

日本星砂，第46—47页
分类：原生动物·有孔虫
直径：约0.2毫米

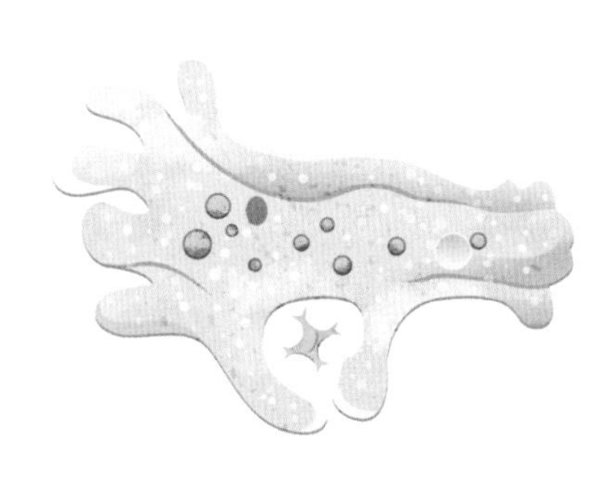

大变形虫，第48—49页
分类：原生动物·变形虫
体长：约0.3毫米

毒蝇鹅膏，第50—51页
分类：真核生物·真菌
高度：约30厘米

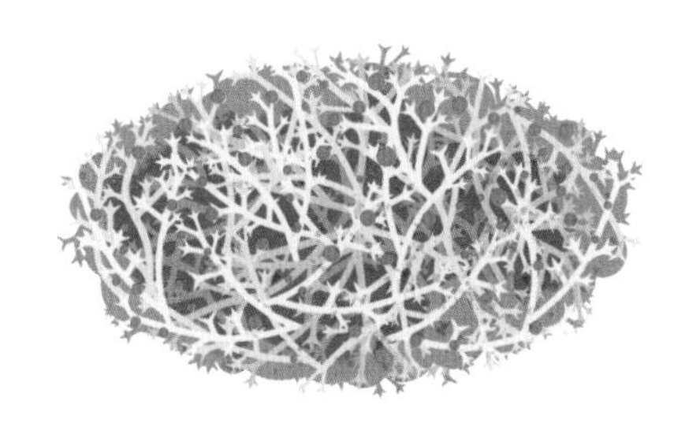

石蕊，第52—53页
分类：真核生物·地衣门
高度：约10厘米

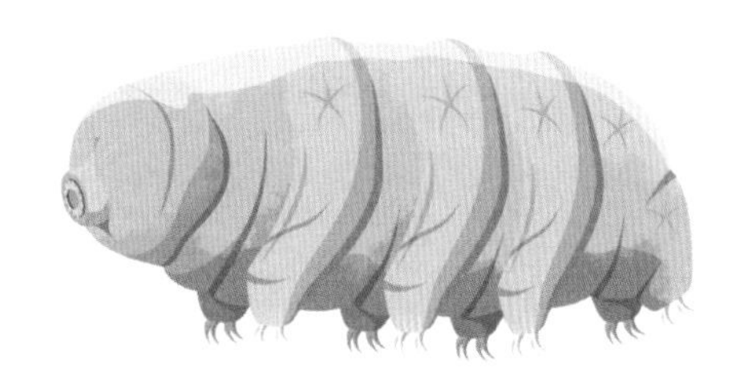

熊虫，第54—55页
分类：真核生物·缓步动物
体长：约1.5毫米

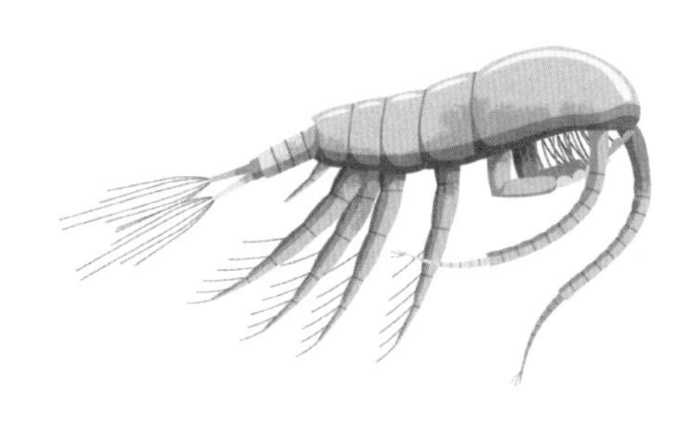

柱形宽水蚤，第56—57页
分类：节肢动物·桡足亚纲
体长：约1.4毫米

地钱，第60—61页
分类：苔藓植物 · 地钱科
高度：约10厘米

鳞叶卷柏，第62—63页
分类：蕨类植物 · 卷柏科
高度：约5厘米

蚌壳蕨，第64—65页
分类：蕨类植物 · 蚌壳蕨科
高度：约15米

银杏，第66—67页
分类：裸子植物 · 银杏科
高度：约50米

巨杉，第68—69页
分类：裸子植物 · 杉科
高度：约100米

亚马孙王莲，第70—71页
分类：被子植物 · 睡莲科
叶片直径：约2.5米

广玉兰，第72—73页
分类：被子植物 · 木兰科
高度：约30米

卷丹，第74—75页
分类：被子植物 · 百合科
高度：约2米

飞鸭兰，第76—77页
分类：被子植物 · 兰科
高度：约50厘米

网脉鸢尾，第78—79页
分类：被子植物 · 鸢尾科
高度：约15厘米

龙血树，第80—81页
分类：被子植物 · 龙舌兰科
高度：约10米

椰子树，第82—83页
分类：被子植物 · 棕榈科
高度：约30米

旅人蕉，第84—85页
分类：被子植物 · 旅人蕉科
高度：约20米

凤梨，第86—87页
分类：被子植物 · 凤梨科
高度：约45厘米

莎草，第88—89页
分类：被子植物 · 莎草科
高度：约4.5米

毛竹，第90—91页
分类：被子植物 · 禾本科
高度：约30米

北极罂粟，第92—93页
分类：被子植物 · 罂粟科
高度：约20厘米

帝王花，第94—95页
分类：被子植物 · 山龙眼科
高度：约1米

观音莲，第96—97页
分类：被子植物 · 景天科长生草属
高度：约15厘米

塞伊尔相思树，第98—99页
分类：被子植物 · 豆科相思子属
高度：约4米

犬蔷薇，第100—101页
分类：被子植物 · 蔷薇科
高度：约2米

无花果树，第102—103页
分类：被子植物 · 桑科
高度：约5米

刺荨麻，第104—105页
分类：被子植物 · 荨麻科
高度：约1米

红树，第106—107页
分类：被子植物 · 红树科
高度：约35米

大果西番莲，第108—109页
分类：被子植物 · 西番莲科
高度：约15米

阿诺德大王花，第110—111页
分类：被子植物 · 大花草科
大王花属
花朵直径：约1米

白桉木，第112—113页
分类：被子植物 · 桃金娘科
桉树属
高度：约30米

糖槭树，第114—115页
分类：被子植物 · 槭树科
高度：约20米

格朗迪迪耶猴面包树，第116—117页
分类：被子植物 · 木棉科
猴面包树属
高度：约30米

圆叶茅膏菜，第118—119页
分类：被子植物 · 茅膏菜科
高度：约20厘米

宝特瓶猪笼草，第120—121页
分类：被子植物 · 猪笼草科
高度：约4米

地肤，第122—123页
分类：被子植物 · 藜科地肤属
高度：约35厘米

花纹玉，第124—125页
分类：被子植物 · 番杏科生石花属
高度：约4厘米

巨柱仙人掌，第126—127页
分类：被子植物 · 仙人掌科
高度：约15米

水晶兰，第128—129页
分类：被子植物 · 鹿蹄草科水晶兰亚科
高度：约30厘

向日葵，第130—131页
分类：被子植物 · 菊科
向日葵属
高度：约3米

药用蒲公英，第132—133页
分类：被子植物 · 菊科
蒲公英属
高度：约20厘米

海冬青，第134—135
分类：被子植物 · 伞形
刺芹属
高度：约40厘米

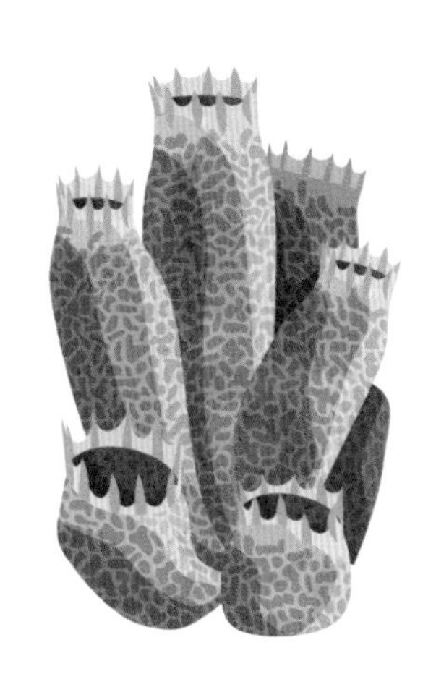

褶纹美丽海绵，第138—139页
分类：多孔动物 · 海绵纲
高度：约27厘米

滑真叶珊瑚，第140—141页
分类：刺胞动物 · 珊瑚纲
直径：约70厘米

僧帽水母，第142—143页
分类：刺胞动物 · 水母纲
触手长度：约30厘米

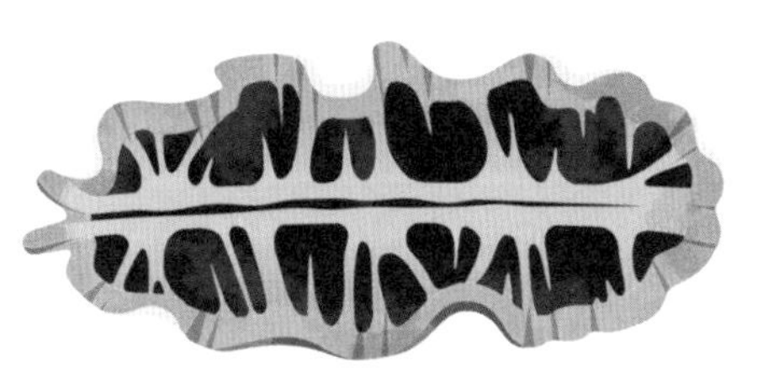

虎扁虫，第144—145页
分类：扁形动物 · 涡虫纲
长度：约8厘米

大旋鳃虫，第146—147页
分类：环节动物 · 龙介虫科旋鳃虫属
高度：约6厘米

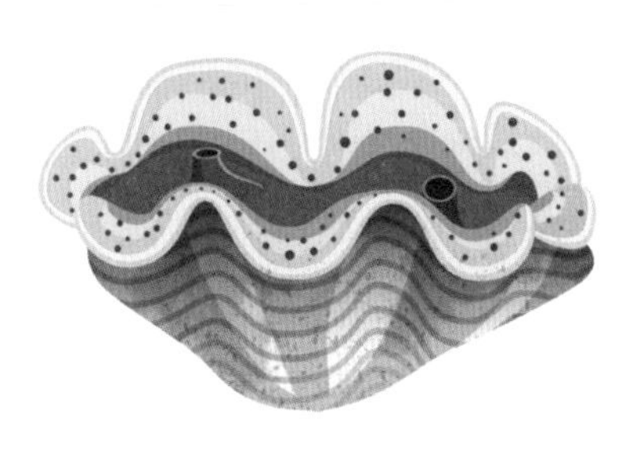

长砗磲，第148—149页
分类：软体动物 · 砗磲科
长度：约30厘米

古巴树蜗牛，第150—151页
分类：软体动物 · 蜗牛科
壳长度：约10厘米

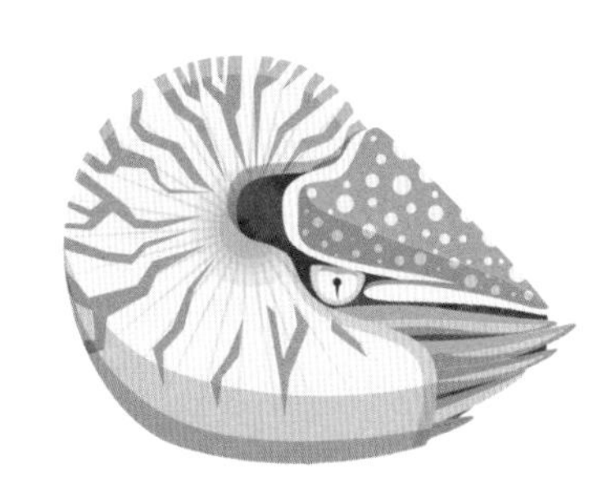

珍珠鹦鹉螺，第152—153页
分类：软体动物 · 鹦鹉螺科
壳长度：约20厘米

金属蓝捕鸟蛛，第154—155页
分类：节肢动物 · 捕鸟蛛科
体长：约13厘米

蜂纹马陆，第156—157页
分类：节肢动物 · 圆马陆科
体长：约10厘米

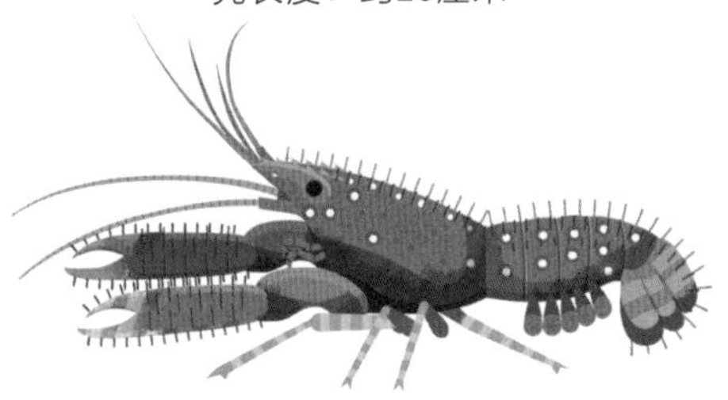

东方礁螯虾，第158—159页
分类：节肢动物 · 海螯虾科
体长：约10厘米

欧洲熊蜂，第160—161页
分类：节肢动物 · 蜜蜂科
体长：约2厘米

红海胆，第162—163页
分类：棘皮动物 · 海胆纲
直径：约20厘米

鲸鲨，第164—165页
分类：鱼类 · 鲸鲨科
体长：约20米

六斑刺鲀，第166—167页
分类：鱼类 · 二齿鲀科 · 刺鲀属
体长：约30厘米

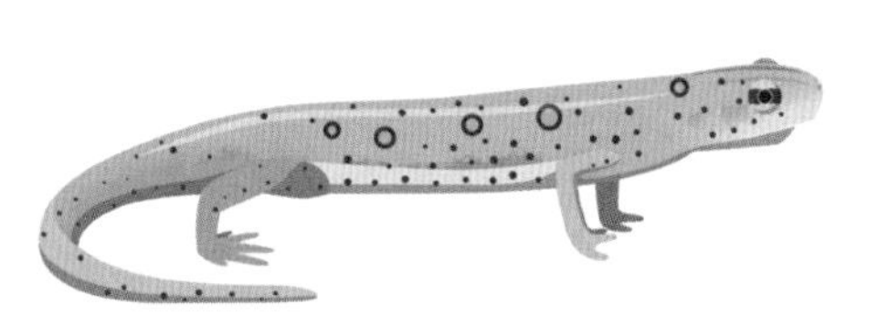

绿红东美螈，第168—169页
分类：两栖动物 · 蝾螈科
体长：约14厘米

黑掌树蛙，第170—171页
分类：两栖动物 · 树蛙科
体长：约10厘米

拟地图龟，第172—173页
分类：爬行动物 · 泽龟科
雌性体长：约25厘米

赤道安乐蜥，第174—175页
分类：爬行动物 · 蜥蜴科
体长：约20厘米

东部菱斑响尾蛇，第176—177页
分类：爬行动物 · 蝰蛇科
体长：约2米

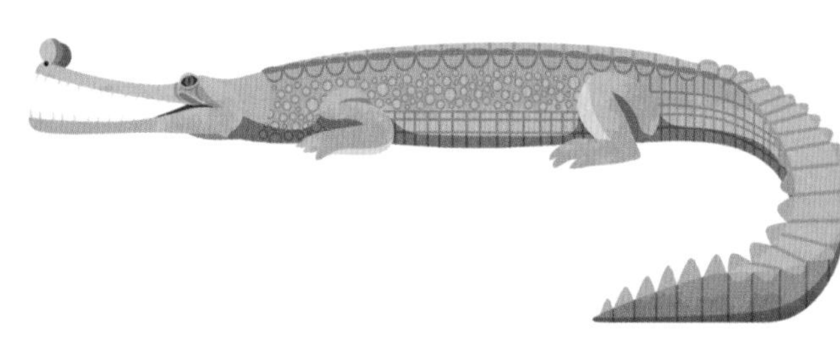

恒河鳄，第178—179页
分类：爬行动物 · 长吻鳄科恒河鳄属
体长：约5米

双垂鹤鸵，第180—181页
分类：鸟类 · 鹤鸵科
高度：约170厘米

王绒鸭，第182—183页
分类：鸟类 · 鸭科
体长：约60厘米

维多利亚凤冠鸠，第184—185页
分类：鸟类 · 鸠鸽科凤冠鸠亚科
体长：约70厘米

黑鹭，第186—187页
分类：鸟类 · 鹭科
体长：约60厘米

白头海雕，第188—189页
分类：鸟类 · 鹰科海雕属
体长：约1米

橡树啄木鸟，第190—191页
分类：鸟类 · 啄木鸟科
体长：约20厘米

黑额织雀，第192—193页
分类：鸟类 · 织布鸟科织雀属
体长：约15厘米

短吻针鼹，第194—195页
分类：哺乳动物 · 针鼹科
体长：约45厘米

袋熊，第196—197页
分类：哺乳动物 · 袋熊科
体长：约1米

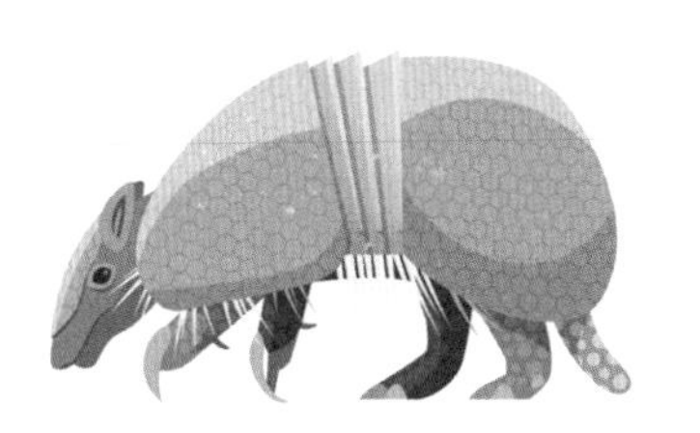

巴西三带犰狳，第198—199页
分类：哺乳动物 · 犰狳科
体长：约30厘米

西印度海牛，第200—201页
分类：哺乳动物 · 海牛科
体长：约3米

黑猩猩，第202—203页
分类：哺乳动物 · 人科黑猩猩属
体长：约1.5米

北美长耳鼠耳蝠，第204—205页
分类：哺乳动物 · 蝙蝠科鼠蝠属
体长：约10厘米

美洲豹，第206—207页
分类：哺乳动物 · 猫科豹属
体长：约2.5米

棕熊，第208—209页
分类：哺乳动物 · 熊科
体长：约3米

马来貘，第210—211页
分类：哺乳动物 · 貘科
体长：约2米

高鼻羚羊，第212—213页
分类：哺乳动物 · 牛科羊亚科
体长：约1.5米

图书在版编目（CIP）数据

DK 神秘大自然奇观 /（英）本·霍尔著；（英）安吉拉·里扎，（英）丹尼尔·朗绘；陈宇飞译. -- 北京：中信出版社，2021.2（2024.2 重印）

书名原文：The Wonders of Nature

ISBN 978-7-5217-2452-3

Ⅰ. ①D… Ⅱ. ①本… ②安… ③丹… ④陈… Ⅲ. ①自然科学—儿童读物 Ⅳ. ① N49

中国版本图书馆 CIP 数据核字 (2020) 第 223569 号

DK 神秘大自然奇观

著　者：［英］本·霍尔
绘　者：［英］安吉拉·里扎　［英］丹尼尔·朗
译　者：陈宇飞
出版发行：中信出版集团股份有限公司
（北京市朝阳区东三环北路 27 号嘉铭中心　邮编　100020）
承 印 者：北京顶佳世纪印刷有限公司

开　本：635mm × 700mm　1/16
印　张：14.5
字　数：300 千字
版　次：2021 年 2 月第 1 版
印　次：2024 年 2 月第 12 次印刷
京权图字：01-2019-7610
书　号：ISBN 978-7-5217-2452-3
定　价：158.00 元

出　品：中信儿童书店
策　划：好奇岛
审校专家：张辰亮
策划编辑：贾怡飞
责任编辑：邹绍荣
营销编辑：中信童书营销中心
封面设计：佟　坤
内文排版：谢佳静

混合产品
纸张 | 支持负责任林业
FSC® C018179

www.dk.com

DK 出版公司由衷感谢：加里·翁布勒的摄影；牛津大学自然史博物馆允许我们拍摄他们的馆藏岩石和矿物；罗伯特·奈特博士的协助；凯蒂·劳伦斯和阿比盖尔·勒斯科姆的编辑工作；波利·古德曼的校对工作；丹尼尔·朗的岩石、矿物、微生物、植物及动物插图；安吉拉·里扎的背景图案和封面插图。

作者简介：本·霍尔从小就对野生动物着迷不已。他是野生动物杂志的专题编辑，曾担任 DK 出版公司旗下的多部图书的编辑、作者或顾问，如《鸟类奇观》（*DK Findout! Birds*）和畅销书《DK 奇妙动物大百科》（*An Anthology of Intriguing Animals*）。

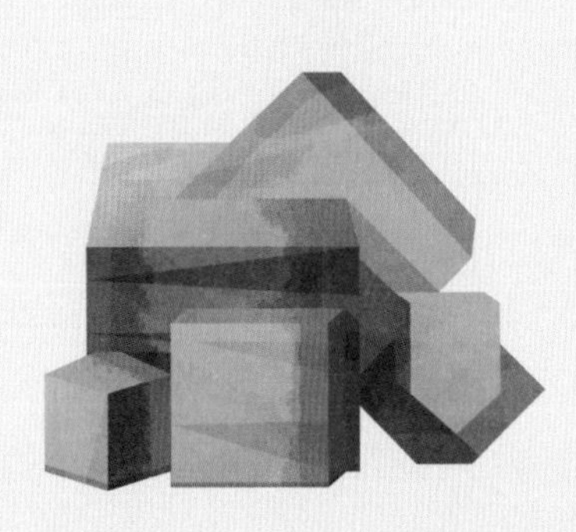

原书照片来源：

The publisher would like to thank the following for their kind permission to reproduce their photographs:
(Key: a-above; b-below/bottom; c-centre; f-far; l-left; r-right; t-top)
4 Dorling Kindersley: Oxford University Museum of Natural History (tl, tc, crb, bc). 5 Alamy Stock Photo: Susan E. Degginger (bl); PjrStudio (cl, clb); Dennis Hardley (cr); Greg C Grace (crb). Dorling Kindersley: Holts Gems (cla/ Raw Rock Crystal, tr); Oxford University Museum of Natural History (cla, crb/Desert rose). 6-7 Dorling Kindersley: Oxford University Museum of Natural History. 9 Dorling Kindersley: Oxford University Museum of Natural History. 11 Getty Images: Darrell Gulin. 12-13 Dorling Kindersley: Oxford University Museum of Natural History (b). 14 Dorling Kindersley: Oxford University Museum of Natural History. 16-17 Dorling Kindersley: Oxford University Museum of Natural History (t). 18-19 Dorling Kindersley: Oxford University Museum of Natural History. 20 Dorling Kindersley: Oxford University Museum of Natural History. 23 Dorling Kindersley: Oxford University Museum of Natural History. 24-25 Dorling Kindersley: Oxford University Museum of Natural History. 26 Alamy Stock Photo: Elena Mordasova. 28 Dorling Kindersley: Oxford University Museum of Natural History. 31 Dorling Kindersley: Oxford University Museum of Natural History. 32 Science Photo Library: Dennis Kunkel Microscopy (bc); Steve Gschmeissner (clb). 33 Dreamstime.com: Andrey Sukhachev / Nchuprin (bc). iStockphoto.com: micro_photo (cr). Science Photo Library: Dennis Kunkel Microscopy (tl); Steve Gschmeissner (crb). 34-35 Science Photo Library: Steve Gschmeissner (b). 36-37 Getty Images: Steven Trainoff Ph.D.. 38 Science Photo Library: Steve Gschmeissner (tl, cl, clb, bl, cr, crb); Fay Darling / Paul E Hargraves PHD (cra). 39 Science Photo Library: Steve Gschmeissner (tr, cr, bl, br); Fay Darling / Paul E Hargraves PHD (tc). 40-41 Science Photo Library: Gerd Guenther. 42 Science Photo Library: Steve Gschmeissner. 45 Dreamstime.com: Mushika. 46-47 iStockphoto.com: micro_photo. 49 Science Photo Library: Steve Gschmeissner. 51 Alamy Stock Photo: Buiten-Beeld. 52 Alamy Stock Photo: Artenex. 54 Science Photo Library: Eye Of Science. 57 Science Photo Library: Steve Gschmeissner. 58 Dreamstime.com: Yap Kee Chan (ca). 59 Alamy Stock Photo: Blickwinkel (br). 61 Alamy Stock Photo: Andia. 63 123RF.com: Girts Heinsbergs. 64-65 Alamy Stock Photo: Tim Gainey. 69 iStockphoto.com: Pgiam. 74-75 123RF.com: Anchasa Mitchell. 76 Getty Images: John Tiddy / Nature Picture Library. 78-79 Alamy Stock Photo: Jada Images. 80-81 Getty Images: Pixelchrome Inc. 82-83 iStockphoto.com: Phetphu. 84 Alamy Stock Photo: Witthaya Khampanant. 87 Getty Images: Wagner Campelo / Moment Open. 89 Alamy Stock Photo: Manfred Ruckszio. 90 Science Photo Library: Martyn F. Chillmaid. 92 Alamy Stock Photo: Life on white (br). Getty Images: 1bluecanoe / Moment Open (cr); F. Lukasseck / Radius Images (bl). 93 Alamy Stock Photo: imageBROKER (r); Tiberius Photography (fbl); Irina Vareshina (bl); Julie Pigula (bc). 94 Dreamstime.com: Paop. 96 Dreamstime.com: Erika Kirkpatrick (cr); Fabrizio Troiani (bc). GAP Photos: Annaick Guitteny (clb). 97 Alamy Stock Photo: Bob Gibbons (tr); Organica (cr). Dreamstime.com: Chuyu (tl). 98-99 Alamy Stock Photo: Rz_ Botanical_Images. 100-101 Alamy Stock Photo: imageBROKER. 102 Alamy Stock Photo: Reda &Co Srl. 105 Alamy Stock Photo: Nature Picture Library. 106-107 Dreamstime.com: Seadam (c). 108 Getty Images: Paul Starosta / Corbis. 109 Getty Images: Paul Starosta / Corbis. 111 Alamy Stock Photo: Biosphoto. 112 Alamy Stock Photo: Robert Wyatt. 115 Alamy Stock Photo: George Ostertag. 116-117 FLPA: Ingo Arndt / Minden Pictures. 118 Getty Images: Gerhard Schulz / The Image Bank. 122-123 Dreamstime.com: Watcharapong Thawornwichian. 126-127 Dreamstime.com: David Hayes. 128 Alamy Stock Photo: Scott Camazine. 130 Getty Images: Gary Wilkinson / Moment Open. 132-133 Getty Images: assalve / E+. 134-135 SuperStock: E.a. Janes / Age Fotostock. 136 123RF.com: Anan Kaewkhammul / anankkml (tr). Dorling Kindersley: E. J. Peiker (cla). Dreamstime.com: Torsten Velden / Tvelden (clb). Getty Images: Bob Jensen / 500Px Plus (cl). 137 Dorling Kindersley: Peter Janzen (c); Linda Pitkin (crb). 138 FLPA: Norbert Wu / Minden Pictures. 141 Alamy Stock Photo: Tyler Fox. 142 Alamy Stock Photo: Nature Picture Library (c). 144-145 Getty Images: Darlyne A. Murawski. 147 Alamy Stock Photo: WaterFrame (c). 148 Alamy Stock Photo: Liquid-Light Underwater Photography. 150 naturepl.com: Ingo Arndt (c, bl). 151 naturepl.com: Ingo Arndt (cla, cr). SuperStock: Ingo Arndt / Minden Pictures (ca). 153 Getty Images: Joel Sartore, National Geographic Photo Ark. 154-155 Dorling Kindersley: Liberty's Owl, Raptor and Reptile Centre, Hampshire, UK. 156-157 Getty Images: Joel Sartore, National Geographic Photo Ark. 158-159 Getty Images: Dave Fleetham. 160-161 Dorling Kindersley: Jerry Young. 162 Dreamstime.com: Mikhail Blajenov. 164-165 Getty Images: Torstenvelden. 166-167 Alamy Stock Photo: WaterFrame. 168-169 naturepl.com: MYN / JP Lawrence. 170 FLPA: Chien Lee / Minden Pictures. 173 Getty Images: Paul Starosta. 174-175 Getty Images: Karine Aigner. 176-177 Alamy Stock Photo: Nature Picture Library. 178-179 Getty Images: Paul Starosta. 181 Getty Images: Mark Newman. 182-183 Alamy Stock Photo: All Canada Photos. 184 Getty Images: Picture by Tambako the Jaguar. 186-187 SuperStock: Seraf van der Putten / Minden Pictures. 188-189 Andy Morffew. 191 Alamy Stock Photo: William Leaman. 192 Getty Images: Catherina Unger. 194-195 Getty Images: Joel Sartore, National Geographic Photo Ark. 197 SuperStock: Juergen & Christine Sohns / Minden Pictures. 198 Alamy Stock Photo: BIOSPHOTO. 200-201 Getty Images. 203 Dreamstime.com: Patricia North. 204-205 Getty Images: Michael Durham / Minden Pictures. 206-207 Getty Images: Fuse. 209 Getty Images: Joel Sartore, National Geographic Photo Ark. 210-211 Getty Images: Joel Sartore. 212 123RF.com: Victor Tyakht. Cover images: *Front:* Alamy Stock Photo: Blickwinkel ca/ (Weaver), imageBROKER cr, Manfred Ruckszio cla; Dorling Kindersley: Natural History Museum, London ca/ (Opal), Oxford University Museum of Natural History crb/ (Turquoise); Getty Images: Joel Sartore, National Geographic Photo Ark cla/ (Echidna), clb, Darlyne A. Murawski crb, Stephen Dalton / Minden Pictures cb; Science Photo Library: Steve Gschmeissner ca

All other images © Dorling Kindersley. For further information see: www.dkimages.com